大廚到我家

邱寶郎的台灣廚房

國宴主廚教你 117 道耳熟能詳的住家好味道

國宴主廚私藏經典台菜食譜首度公開！

道道都是數十年廚房精驗的傾囊相授，

以健康不麻煩的烹調方式重新演繹經典台灣菜。

親切的國宴主廚給你三十年功力，讓你也能成為家中大廚。

　　在我眼中，邱主廚是一位料理暖男，他是一位天生的料理家，也是能侃侃而談的教學者。認識邱主廚十多年，他一直保持著利落的小平頭和超強親和力的微笑，一邊做菜一邊說故事，做菜對他而言，像是與生俱來的天賦，但他不僅懂得你的胃，也能抓住你的心，總是能循循善誘，帶你進入烹飪的世界。

　　傳統食譜書只有材料分量和作法，過於精簡，真正的廚房存在更多的複雜的變數，舉凡食物的狀態，每一批番茄的酸甜度，雞肉的品種與大小，刀工切法，下鍋的時間點，爐具、烤箱與環境溫溼度等等，都會影響料理的時間與品質，有很多小細節，樣樣都得掌握，絕非三言兩語就可以道盡。

　　「治大國如烹小鮮」一點也不錯。要做出美味的料理，談何容易，要做出三餐家常菜，也不是簡單的事。但別怕！有了邱主廚的書，上過邱主廚的課，就可以舉一反三，化繁為簡，書裡含蓋了雞、鴨、魚、肉、主食點心、煲湯，最重要的是還有美味祕訣，就像是有武林高人灌頂，給你三十年的功力，讀通了，看懂了，常習作，你也可以成為家中大廚。

　　很佩服他在國宴主廚的光環下，仍深耕在烹飪教學第一線，教婆婆媽媽、職業婦女、任何對做菜有興趣的人，哪怕是一張白紙，他都能教懂你，帶你進入料理的世界。最近社會上有很多食安事件，我們要學會自保，為家人守護健康，一定要學會做菜，這是解決食安問題的關鍵點，愈多人懂得做菜，知道該怎麼挑選好食材，才能真正為家人把關食品安全，帶來健康美味，而這本書是最好的開始。

飲食作家　趙敏夙

早就應該要有這樣一本書了

　　這幾乎是每一位看到這本書的人忍不住發出的驚呼聲！有幸在邱老師拍攝這本書的過程中，提早見識到邱老師看似簡單卻又千變萬化的廚藝，真心覺得早就應該要有這樣的一本書了。不只是廚房的新手可以從基礎開始學習，即使是廚房裡手藝不錯的料理達人，仔細端詳這本書裡邱老師不藏私傳授的訣竅，也絕對是讓料理升級成為具有大廚級美味的驚喜。

　　對一個職業婦女來説，想要在下班後的短促時間內變出全家滿意的晚餐，實在是一個小小奢侈的願望，欣見這一本書解救了家庭「掌廚人」的煩惱，有了這本《大廚到我家：邱寶郎的台灣廚房》青菜、豆腐、雞蛋都能輕易化身餐桌上的美味佳肴，簡單的刀工變化就能讓食材更顯特色，時而清爽時而濃郁的醬汁調味更是料理鮮甜的祕訣，邱老師的這本書真的讓做菜變得簡單又有趣！

　　Minicook 食育生活工作室一直以推動飲食教育為方向，希望以簡單快速方便的料理方式，鼓勵更多人動手做料理品嚐食物的真滋味，邱老師這本書正是用最家常的方式，用大家常見的食材，熟悉的口味做出家裡日常的飯菜。

　　這本書不只是一本食譜書，它記錄的是一個家的味道，是一份對家人的關懷，是一份溫暖的記憶。誠心推薦《大廚到我家：邱寶郎的台灣廚房》這本好書！

Mini cook 食育生活工作室 執行長　樊欣佩

快把大廚帶回家

邱主廚是我的好朋友,也是我真心崇拜的偶像,因為他會做好多好多我不擅長的事。

他廚藝了得,隨時隨地能擺出一桌好菜;他創意十足,總能為家常菜增添新風味及新口感;他勇於挑戰,無時無刻都在研發新菜色、嘗試食材的新組合。他親和幽默,讓下廚做菜充滿趣味,甚至成為一種生活美學與時尚。

之所以如此了解他,是因為「大廚到我家」早已是我們之間的通關密語。只要孩子們需要、家長需要、學校需要,他一定排除萬難前來支援和分享,我每次都被他的用心和認真所感動,學校裡的每一個人都超喜歡他的。

您呢?還在等什麼,快把大廚帶回家,這 117 道菜保證讓您有「在一起」的喜悅和成就。

新湖國小校長 林芳如

自序

台灣料理 · 深耕台灣！

許多人為了好吃食物，食材而尋味，尋根！味道對了，只要好吃，一切都對了。

台灣料理歷史悠久，有傳統、有進化、有改良、有創意、有素食蔬食，再結合多元消費族群，造就現今有吃不完的好吃台灣料理，滿足許多人的胃。

台灣料理包羅萬象，可以從我最喜歡的夜市看起，有好吃的蚵仔煎、鹹豬肉、麻油雞湯、沙茶炒羊肉、地瓜球，還有餐廳的三杯雞、炒水蓮、客家小炒、白斬雞等，大飯店更有蒸活魚海上鮮、櫻花蝦米糕、糖醋石斑魚、花雕雞、金沙苦瓜等，全是耳熟能詳又常吃的料理。台灣料理為什麼這麼受歡迎呢？因為台灣農民在種植蔬菜品項都是照著季節、國人喜好的食材而種，牲畜、海鮮也都是依附國人喜好而養殖，那末端的我們當然採串連方式作業，農民提供蔬菜，養殖戶提供海鮮、肉品等，廚師們就會將這些「台灣好食材」做成一道道美味的台灣料理。

台灣真的是寶島，那怕是稀鬆平常的地瓜葉隨便汆燙拌個油蔥醬，就是一種美味呈現，豬肉汆燙沾醬油或客家桔醬更是美味，所有的蔬菜會依照時令不同，我們的料理技法改變，大家就可吃到四季美味。

這次非常高興設計這本書，裡面收錄了家常小菜、山鮮好味道、海鮮宴客菜、道地主食、溫暖湯品、甜蜜甜點，道道都是大家常吃常看，料理起來又簡單的方法，全書不油炸，我都改良過了，教大家如何吃出健康美味，哪怕你不常下廚，有了這本台灣料理寶典即可在料理功力上更上層樓，只要食材對了，料理方法對了，好吃又健康就能讓家人滿足，這就是台灣人的台灣味道。

邱寶郎

目錄　Contents

Part 2

吃飽飽的好味台灣主食

Part 3

我家廚房也能出海鮮宴客菜

鮮蝦

鮮魚

Part 4
山鮮滋味家常請客好有面子

雞肉

豬肉

牛羊

Part 1

家裡餐桌的日常菜香

Taiwan Kitchen

🔪大廚教你基本功：

基礎刀工切法會改變口感

料理食材葷素皆有，大大小小、切片切條，為什麼這樣切，全部都是學問。

蔬菜大塊

蔬菜裡根莖類最適合切大塊，如以蘿蔔，馬鈴薯，用來燉滷、煮湯時才不容易因久煮而糊爛化掉，例如：蘿蔔玉米湯、馬鈴薯燉牛肉或是胡蘿蔔滷爌肉，長是時間燉煮的最佳尺寸。

瓜類、茄子及菇類因為很熟成時間知，適合切成較大塊的滾刀塊狀（約 4 x 4 公分），例如：三杯杏鮑菇、紅燒茄子。

切片

以胡蘿蔔、蔥、薑、蒜頭、辣椒等以快炒類的配菜或辛香料為主，切片有厚薄之分，厚度約 0.2 ～ 3 公分之間，薄片狀食材可以快速炒熟。

切段

段狀有長短二種，長段約 10 公分，如青蔥段用來滷肉最適合，因久滷慢慢出味，蔥不易糊爛。切小段約 5 公分，四季豆、苦瓜、蘆筍、筊白筍、筍絲等，適合快炒或汆燙、做涼菜，如：乾扁四季豆、鹹蛋炒苦瓜、涼拌滷筍、肉末炒筊白筍等。

切丁

切丁約 1x1 公分，以馬鈴薯，紅蘿蔔、地瓜、紅甜椒、黃甜椒都切小丁以炒肉末蔬菜，或者是炒素食為主。

切絲

先切成片狀後再細切成絲，細絲約 8 x 0.1 公分，多以薑絲、紅蘿蔔絲、蔥絲、辣椒絲等爆香料為主，粗絲成約 8 x 0.5 公分例如：紅蘿蔔絲炒蛋、扁蒲炒蝦皮、馬鈴薯肉末、炒土豆絲、洋蔥絲炒牛肉、青椒絲炒牛肉等。還有一種更絲的叫「刨絲」，需要用到工具（刨絲刀、刨絲器），長約 7～9 寬約 0.5 公分，運用在如白蘿蔔絲炒肉末、蘿蔔糕、芋頭絲作芋頭糕等。

切末

切末為冰糖之大小的粒狀，像蒜頭碎、辣椒碎、薑碎、紅蘿蔔碎，蔥碎都是以爆香為主，例如：避風塘炒蝦的配料，或紅燒獅子頭、鹹蛋蒸肉餅、高麗菜煎餅等。

磨泥

磨泥以蔬菜成泥狀為主，薑泥、蒜泥，洋蔥泥、白蘿蔔泥、山藥泥，都是以醃漬或調製醬料為主，例如：醃肉片烤肉、五味醬、醋味山藥泥等。

切條

根莖類的形狀關係，常會切成條狀後來烹條，依好入口或其他配菜的長度來切，長度約 8～10 公分，例如：以馬鈴薯、地瓜切成細長條，再裹粉炸成薯條與地瓜條。

糖心蛋

✄ 大廚美味重點:
小火輕拌關鍵 5 分鐘

　糖心蛋最需要耐心,因為雞蛋約 70 度就會開始熟成,若貪快用大火燒,很容易就煮過頭。主廚教你「**雞蛋在冷水時就入鍋,小火煮 5 分鐘即可**」,從冷到熱的 5 分鐘時間水溫不會升的特別高,還有需要用筷子持續不斷的「**輕輕攪拌**」,讓蛋在水中滾動,就可以讓蛋黃集中在中間點,切開時相當漂亮。

　假設要吃蛋黃有一點稠稠的感覺可以將時間煮 5 分 30 秒。

材料:　　　　　調味料:

常溫雞蛋 5 粒　　八角 1 粒　　　　清酒 50cc
洋蔥 3/1 粒　　　醬油 230cc
青蔥 1 根　　　　味醂 230cc
薑 5 片　　　　　水 750cc

做法:

❶ 首先將雞蛋洗淨,再放入加入水蓋過雞蛋的水量的鍋中,以中火煮開再轉小火計時 5 分鐘(轉小火後水面還是要有小泡泡呈現有滾狀態)。

❷ 5 分鐘過後馬上取出雞蛋,再放入冷水(或冰水)中急速冰鎮降溫,再去殼備用。

　TIPS 雞蛋經熱脹冷縮後,會更容易漂亮的剝除蛋殼。

❸ 接下來把洋蔥逆紋切絲,青蔥切段,薑切片。

❹ 取小湯鍋再加入做法 3 材料,與所有調味料一起已鐘火煮開,煮約 10 分鐘味道出來為止,再將醬汁放涼備用。

　TIPS 醬汁一定要放涼才能浸泡水煮蛋,以免因溫度讓蛋繼續熟成。

🔑 原來味醂含有酒精成分

味醂是含有酒精成分的日本廚房常備調味料,微甜微酸的口味能讓料理不死鹹提鮮,獨特味道也可以拿來燒肉、燒魚,更能讓食材有焦化作用,讓肉質變得更鮮美,又沒也腥味。而食譜中還有採用清酒不用台灣的料理米酒,主要是台灣米酒較為辛辣,以 95% 以上純酒精與蒸餾水製成,口感上會較嗆不適合。

水煮蛋的變化

　　一粒雞蛋光是冷水下鍋用白水煮,就能有很多變化,
時間長短控制的好,美味輕鬆上桌。

3.5-4 分鐘	5 分鐘	5.5 分鐘	9-10 分鐘	15 分鐘
溫泉蛋	半熟糖心蛋	正好熟糖心蛋	全熟蛋	過熟蛋

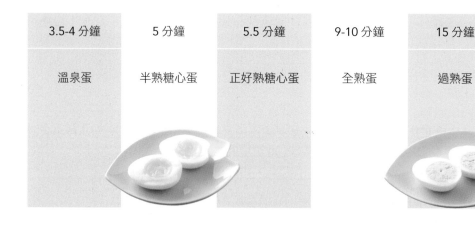

🥄 關於料理用常溫雞蛋這件事

基本的雞蛋保存方式為,尖頭朝下,因為圓頭有氣室放冰箱要朝上,可以讓蛋黃不會散開,
也可以增加雞蛋保存期限。

雞蛋買回來千萬不可以洗,雞蛋一旦清洗過後沒有馬上食用就很容易生菌,而導致腐壞,
買回來的雞蛋甚至連盒子放入冰箱,冷藏溫度控制在 5℃至 7℃間是最好的溫度,雞蛋最
好的賞鮮期為 10 天左右。

有人說土雞蛋較好!水洗蛋不好!我個人覺得二者都一樣,做法也會呈現一樣,因為土雞
並非專責負責生蛋的雞,所以數量會比較少,一般肉雞就是專責生白色蛋,無論是白蛋、
土雞蛋只要料理對都好吃。

家常蒸蛋

✖ 大廚美味重點：
完美黃金比例不失敗

　　蒸蛋最怕不小心水太多，一掀鍋蓋發現變成蛋花湯，邱主廚教你最重要的比例「蛋：水＝1：1.2」，如果想要超嫩滑口感則可改成「蛋：水＝1：2」，水分中含少許太白粉水能讓口感更 Q，而且熄火時不要立刻開蓋，關火燜一下可以讓蒸蛋更漂亮喔！

材料：　　　　　調味料：

常溫雞蛋 4 粒　　冷水 250cc
　　　　　　　　鹽巴少許
　　　　　　　　太白粉水 1 小匙

做法：

❶ 首先雞蛋洗滌乾淨，敲入大碗中攪拌均勻，再使用篩網將雞蛋過篩至乾淨碗中。

❷ 將所有調味料一起加入作法 1 的大碗中攪拌均勻，倒入要蒸的容器中（如小碗或蒸盤）。

❸ 將蛋液放入電鍋中，蒸約 10 分鐘，再關火燜 5 分鐘即可。

1

TIPS 無孔洞的蒸蛋就是要將蛋液組織經過篩後變的細緻。

2

TIPS 若倒入後有氣泡，可使用牙籤一一戳破或用小湯匙撈除，成品會超光滑。

茶碗蒸

其實蒸蛋和茶碗蒸做法差不多,只要材料稍微添加,很容易就多變出一道日式茶碗蒸,如果將水或高湯替換成鮮奶,就是鮮奶蒸蛋呢!

材料:

常溫雞蛋 4 粒
魚板＆鮮香菇
＆蛤蜊等適量

調味料:

冷高湯 250cc
鹽巴少許
太白粉水 1 小匙

做法:

❶ 雞蛋洗淨,敲入大碗中攪拌均勻,再使用篩網將雞蛋過篩至乾淨碗中。

❷ 將所有調味料一起加入做法 1 的大碗中攪拌均勻,倒入要蒸的容器中(如小碗或蒸盤)。

❸ 將蛋液放入電鍋中,蒸約 8 分鐘,將魚板＆鮮香菇＆蛤蜊等放入,再蓋上鍋蓋小火煮 2 分鐘,熄火燜 5 分鐘即可。

TIPS

❶ 冷高湯採用昆布高湯或柴魚高湯皆可。

❷ 一定要等蛋液凝結後再放入其餘材料,以避免配料全沉在底部,影響成品漂亮的賣相。

❸ 配料可依各人喜好自行變換取代,如鮮蝦、豬肉片、金針菇等。

🍴 關於用電鍋做菜的小事

現在電鍋的品牌眾多,不同品牌的量杯大小也不相同,為了提升料理成功率,我們改變觀念不用外鍋幾杯水,直接用「幾分鐘」來計算烹調時間,時間一到就將烹煮鍵按掉即可。這樣的觀念全書通用。

菜脯煎蛋

延伸料理 韭菜煎蛋

材料：

雞蛋 4 粒
韭菜 250 公克
蒜頭 2 瓣

調味料：

鹽巴白胡椒少許
香油 1 小匙
米酒少許

做法：

❶ 韭菜去除根部，切成小段狀，洗滌乾淨後再濾乾水分，蒜頭去蒂切碎備用。

❷ 將蛋打散，再加入韭菜段、蒜頭碎及所有調味料一起攪拌均勻。

❸ 取平底鍋，先加入一小匙沙拉油，再加入做法 2 蛋液，以中小火煎至雙面上色熟化即可。

TIPS 煎韭菜蛋使用不沾鍋可以少許油，冷鍋即可加入蛋液，再以中火煎至雙面上色，再轉小火將蛋液煎熟上色即可。假設使用不銹鋼鍋、鑄鐵鍋，要再鍋中加入較多油，以熱鍋冷油再下蛋液，再以中火略煎一下，待上色定形才可翻動，如果沒有定形就翻動就很容易煎失敗。

✕ 大廚美味重點：
香油煸香菜脯後再煎蛋

　　菜脯（蘿蔔乾）是客家人多年累積下來的醃漬工法，因為醃漬後味道較沉，洗滌步驟可以洗去多餘鹽分，然後鍋中加入香油將菜脯先煸炒過，煸炒時選用香油才能凸顯菜脯的原味。

材料：

菜脯 50 公克
雞蛋 5 粒
青蔥 2 根
蒜頭 2 瓣

調味料：

鹽巴少許
白胡椒少許
香油一大匙

做法：

❶ 首先雞蛋洗滌乾淨，再敲入容器中攪拌均勻備用。

❷ 再將菜脯洗淨，泡水去除鹹味，再擰乾水分切成碎狀，備用。

　　TIPS 因菜脯本身鹹味重，一定泡水洗去多餘的鹽分，在調味上鹽分也可以比一般料理少，口味
　　　　清淡者亦可不加鹽。

❸ 將青蔥切碎，蒜頭切碎，備用。

❹ 炒鍋內加入香油，再加入切好的菜脯以中火略煸香後，取出放涼備用。

❺ 將蛋液、青蔥碎、蒜頭碎及做法 4 的菜脯，再加入鹽巴白胡椒全部一起攪拌均勻，備用。

❻ 取用乾淨炒鍋，先加入 1 大匙沙拉油燒熱，再加入做法 5 的蛋液，以中火煎至雙面上色且蛋液熟化即可。

🍴 關於菜脯

現今社會有許多速成的菜脯製作方式，口味與品質不一定好，若有機會到了客家庄購買，以條狀或大塊狀、顏色黝黑較為道地，千萬別以為黑就壞了，這可是陳年菜脯，最好的黑金呢！或是建議在傳統市場買條狀菜脯最好，較不會有摻防腐劑疑慮，買回來後洗滌乾淨就能使用。

魚香烘蛋

✖ 大廚美味重點：
鍋小火大就能美的冒泡

烘蛋和煎蛋不同，想要烘出裙邊漂亮、厚度又足夠的蛋，有幾個要點一定要記住。

第一，選小小的平底鍋，這樣蛋烘起來才會有足夠的高度。

第二，油不可以省，一定要小鍋底全都均勻沾到足夠的油。

第三，火要大，在鍋子燒熱的同時倒入雞蛋，瞬間就像冒泡一樣蓬得厚厚的，十足好吃樣。

魚香烘蛋

材料：	調味料 A：	調味料 B：
雞蛋 4 粒	鹽巴少許	辣豆瓣 1 小匙
豬絞肉 80 公克	白胡椒粉少許	醬油 1 小匙
青蔥 3 根		砂糖 1 小匙
蒜頭 2 瓣		米酒 1 小匙
辣椒 1/2 根		白胡椒少許
		太白粉水適量

做法：

❶ 雞蛋洗滌乾淨，再敲入碗公中，蛋液裡面加入少許的鹽巴、白胡椒攪拌均勻，備用。

❷ 青蔥切成蔥花，蒜頭與辣椒切成碎狀，備用。

❸ 取小炒鍋，加入 2 大匙沙拉油，燒熱後，轉小火慢慢倒入攪拌好的蛋液，轉以中火煎至雙面金黃，再取出盛盤，備用。

❹ 使用原來的鍋子，加入豬絞肉、蒜頭與辣椒一起爆香，再加入所有調味料略煮 1 分鐘再以大白粉水勾薄芡，最後加入蔥花翻炒一下即可。

❺ 再將做法 4 炒好的料放入煎好的蛋上，略作裝飾即可。

3

TIPS 下蛋液的最佳時機是在油溫約攝氏 180 度時，也就是在油燒熱到有點冒煙，稍微有點油泡時就是了。

邱師傅的 魚香醬

魚香醬是四川口味,可是卻沒有一丁點的魚肉,為什麼呢?

其實最初時是四川廚師將這種醬用在煮魚料理上,後來因醬香下飯才再變化衍生出魚香豆腐、魚香茄子、魚香肉絲等各種菜色,所以只要學會一款醬就能人做出數道好菜,拿來拌飯、拌麵也好吃。

材料:

豬絞肉 80 公克
蔥花 3 根
蒜碎 2 粒
辣椒 1/2 根(切碎)

調味料:

辣豆瓣 1 小匙
醬油 1 小匙
砂糖 1 小匙
米酒 1 小匙
白胡椒少許
太白粉水適量

做法:

❶ 熱炒鍋,加入少許油後再加入豬絞肉炒出油脂,再加入蒜頭與辣椒一起爆香。

❷ 加入所有調味料略煮 1 分鐘,再以太白粉水勾薄芡,最後再加入蔥花略微翻炒一下即可。

金沙苦瓜

✖ 大廚美味重點：

苦瓜不苦的祕密

　　苦瓜不苦有二招，前處理時要將苦瓜籽及囊膜仔細刮除乾淨，這就是苦味的來源。第二招就是調味要對，加入好吃的鹹蛋黃與白蛋仁炒香，當出現泡泡狀時就能放入苦瓜均勻拌炒沾裹，當這鹹香滋味滲透入苦瓜裡，入口回甘的尾韻，讓人齒頰留香，一口接一口。

材料：

鹹蛋 2 顆　　　蒜頭 2 瓣
苦瓜 1 條　　　辣椒 1/2 根
青蔥 2 根

調味料：

香油 1.5 大匙
白胡椒少許

做法：

❶ 首先將苦瓜對切，去籽，再去除中間的白囊，再切成小條狀備用。

❷ 煮一鍋熱水，再加入鹽巴一小匙、沙拉油一小匙、砂糖一小匙，等待水開之後，再加入切好的苦瓜條放入，以中火略煮約 3 分鐘，再撈起泡冷水備用。

　　TIPS 汆燙苦瓜不只可以縮短炒煮的時間，讓料理能均勻熟成外，還能去除苦瓜的澀味。

❸ 將青蔥切成蔥花，蒜頭與辣椒切碎備用。

❹ 鹹蛋使用菜刀切開，再使用湯匙將蛋黃與蛋白挖出，再切碎備用。

❺ 熱炒鍋，再加入香油一大匙，先加入蛋黃以中火先爆香，再加入蒜頭與辣椒，苦瓜條一起中火爆香。

❻ 最後再加入蔥花與白胡椒粉，再翻炒均勻調味即可。

🔖 鹹蛋的挑選

鹹蛋如果在菜市場購買，要記得看看表面是否有乾淨，拿起來有重量，不會有過輕、有空虛感，也要拿起來聞看看，不可以有腥味，有腥味就是較為不新鮮。
撥開鹹蛋時蛋白要紮實，蛋黃要鮮明有濕潤度，只有蛋香氣，不可以有惡臭味，或者是有腥味，表示不新鮮。

番茄炒蛋

✖ 大廚美味重點：
炒出番茄的酸滑溜

　　最傳統的番茄炒蛋是用黑柿番茄，過水去皮慢慢的炒軟爛，再加入蛋液、蔥花炒香，如果想要更濃郁就加入市售番茄醬添味，但番茄醬的鈉含量很高，番茄皮也含很多營養素，所以我們改用「切小塊好入味，再加少許白醋」的方法，慢慢炒軟後再加入蛋液，就能炒出一盤酸滑溜的美味，如果想讓番茄的亮度與醬汁融為一體，起鍋前加少許太白粉勾薄芡，這才叫美味啊！

材料：	調味料：	
雞蛋 4 顆	砂糖 1 小匙	白醋 1 小匙
牛番茄 3 顆	鹽巴少許	太白粉水適量
青蔥 1 根	白胡椒少許	
洋蔥 1/3 顆	香油少許	

做法：

❶ 首先將雞蛋洗滌乾淨，再敲入碗公中攪拌均勻。

❷ 將牛番茄切小塊狀，青蔥切成蔥花，洋蔥切碎備用。

❸ 熱炒鍋，再加入一大匙沙拉油，再加入洋蔥碎與大番茄以中火先爆香。

❹ 再加入蛋液一起炒開，最後加入所有調味料，起鍋前用少許太白粉水勾薄芡，灑上蔥花即可。

TIPS 加入洋蔥碎能增添自然的清甜味，中和料理的酸。

🖌 關於番茄

現在的黑柿番茄也非常少見，市售多以牛番茄為主，牛番茄的皮較黑柿番茄來得嫩，所以無需去皮，只要切小塊即可，如果挑到較紅偏軟的牛番茄口味會偏甜，較不酸，加入一小匙白醋提味超讚。

家常豆腐

✘ 大廚美味重點：
冰過的豆腐香煎較不易破

好多人最怕煎豆腐了，軟軟的相當容易破，其實有個最簡單的小技巧，就是將豆腐切好放冰箱冷藏 1～2 小時，用意在讓冰箱吸收豆腐的部分水分，豆腐就會稍微定形，再使用不沾鍋煎豆腐，過程中不要一直翻動，調味時可以輕輕搖晃鍋子，豆腐就可以煎得完整好吃又入味。

材料：

板豆腐 1 塊
青蔥 3 根
蒜頭 2 瓣
辣椒 1 根

料：

中筋麵粉
2 大匙

調味料：

醬油少許
鹽巴少許
白胡椒少許
香油 1 小匙
辣豆瓣 1 大匙

米酒 1 小匙
白粉水適量
水 200 cc
砂糖 1 小匙

做法：

❶ 首先將豆腐切成大片狀，再放盤中，放冷藏約 1～2 小時，備用。

❷ 接著再將青蔥切蔥花，蒜頭與辣椒切碎備用。

❸ 將冰過的豆腐再吸乾水分，表面再拍入薄薄的麵粉，再放入平底鍋中，以中火煎至雙面金黃色即可。

> **TIPS** 材料中的中筋麵粉，可改用家中任何麵粉效果都一樣，就是拍一層薄乾粉，較好定形，香煎時會呈現漂亮的金黃色，賣相佳。

❹ 將煎好的豆腐先取出，原鍋再加入蒜頭、辣椒、蔥花一起加入平底鍋中，以中火先爆香。

❺ 接著再將煎好的豆腐一起滑入鍋中，再加入所有調味料，再輕輕翻炒均勻即可。

> **TIPS** 如果擔心在最後關頭翻炒讓豆腐破了，也可以用輕輕搖晃鍋子，使調味料均勻沾裹，巴在豆腐上。

白菜豆腐滷

✕ 大廚美味重點：
油豆腐更能讓白菜沒有澀味

　　白菜滷是道地老台菜，因白菜在燒煮過程中會出水，如果不是白菜的盛產季節，甚至稍微會有苦味，油豆腐本身含許多油質，而白菜只要和有油脂的食材加入一起燒煮，便能讓白菜本身甜味釋放，澀味減輕唷！當然如果不怕太過油膩，加入三層肉美味更升級。

　　還有，白菜用手拔口感最好吃，用菜刀切過的地方會有紅紅的或變褐色，建議用手掰成小片狀，既快速又能保持白菜的顏色。

材料：

白菜 1 顆	扁魚 2 片
油豆腐 3 塊	紅蘿蔔 50 公克
青蔥 2 根	木耳 1 片
蒜頭 2 瓣	

調味料：

雞高湯 500cc
鹽巴少許
白胡椒少許
醬油少許

做法：

❶ 首先將扁魚放入平底鍋中乾煸至雙面酥脆，再切成小丁狀，備用。

　　TIPS 扁魚含豐富油質，無需加油，受熱後自然會產生油質而生香，想要讓它酥脆可放入烤箱以低溫烘烤上色，但最簡單的方式，就是乾鍋加入扁魚以小火煸就能酥香。

❷ 將蒜頭切片，紅蘿蔔、木耳切絲，青蔥切小段，白菜手撕成大塊洗滌乾淨，備用。

❸ 熱炒鍋，加入一小匙沙拉油，再加蒜頭以中火先爆香，加入紅蘿蔔、木耳、白菜、扁魚、油豆腐，與所有加入全部調味料。

　　TIPS 加入雞高湯一起燉煮是好滋味，如果沒有時間事先做好高湯，也可以用幾隻雞骨頭與所有材料一起熬煮，真的沒有材料也可以直接使用冷開水燉煮，只是鮮甜味會少一些。

❹ 再上蓋，以中火先煮開，再轉小火，燉煮約 20 分鐘，再調味即可。

燙拌地瓜葉

✖ 大廚美味重點：
為什麼店裡的燙青菜比較好吃

　　汆燙葉菜應該要在滾水時放入洗好的青菜，放下的順序則是粗梗先下，後下葉片。然後滾水加**3寶 —— 鹽、糖、油汆燙葉菜，這就是外面賣的比好吃的祕密了**，在水中加入鹽巴能入味，加入油能讓青菜更亮麗，加入糖能讓青菜保色持久且去苦澀，綜合起鍋後就能讓青菜翠綠清甜，起鍋後拌香油是最簡單的做法，如果有豬油、蔥油、麻油等帶較重香氣的油，滋味更好。

材料：

地瓜葉 600 公克
蒜頭 3 瓣
薑 15 公克

調味料：

糖 少許
油 1 大匙
鹽 1 小匙
香油 1 小匙

做法：

❶ 首先將地瓜葉去除老梗，再切成段狀，洗滌乾淨，備用。

❷ 蒜頭切片，薑切絲，備用。

❸ 炒鍋先加入少許沙拉油，再加入蒜頭與薑絲，以中火爆香。

❹ 接著再加入洗滌乾淨的地瓜葉加入，以轉大火爆香，再加上鍋蓋略燜一下，再加入所有調味料，翻炒均勻即可。

涼拌和風龍鬚菜

✖ 大廚美味重點：

馬上拌香油，不老又翠綠

　　深綠色青菜入鍋汆燙，一但受熱青菜的葉綠素就會開始釋放，想要涼拌菜好吃，起鍋的當下若過冰水就不會讓青菜繼續熟化，也不會產生褐化，然後一燙馬上拌入香油，在青菜的外表形成一層保護膜即可保持翠綠色澤，也能讓青菜沒有澀味，滋味滑潤青脆。

材料：

龍鬚菜 400 公克
紅甜椒 1/4 顆

醬汁材料：

醬油 1 大匙
香油 1 大匙
水 150cc
砂糖 1 小匙

麻油 1 小匙
黑醋 1 小匙
白胡椒少許
白芝麻 1 小匙

❶ 首先將龍鬚菜去除根部，再洗淨備用。

❷ 紅甜椒切絲備用。

　　TIPS 如果能吃辣者，可以將紅甜椒替換成紅辣椒。

❸ 煮一鍋滾水，再將整理好的龍鬚菜一起加入汆燙，再撈起來泡冰水，馬上拌入一大匙香油，備用。

❹ 將醬汁材料依序加入容器中，再攪拌均勻當作醬汁使用。

❺ 將汆燙好的龍鬚菜去水後，放入成品盤，再淋入製作好的醬汁即可。

破布子炒龍鬚菜

相同的龍鬚菜除了涼拌，清炒也很美味，當然加入台灣特產破布子調味，更是道大受歡迎的台味蔬食料理。

材料：

龍鬚菜 1 把
蒜頭 2 瓣
辣椒 1 根
薑 15 公克
枸杞 1 大匙

調味料：

破布子 2 大匙
鹽巴黑胡椒少許
香油 1 大匙
水適量

做法：

❶ 龍鬚菜去根部，再切小段狀，再洗滌乾淨備用。

❷ 將蒜頭，辣椒切片，薑切絲，枸杞泡軟備用。

❸ 熱炒鍋，先加入一大匙沙拉油，再加入蒜頭、辣椒、薑絲一起先爆香。

❹ 接著再加入龍鬚菜，與所有調味料一起翻炒均勻，再上蓋燜約 2 分鐘即可。

TIPS 想讓破布子的味道與食材更融合，可以用刀背稍微壓破後再入鍋。

🍴 炒青菜的不敗技法

深綠色蔬菜最怕「葉熟透梗還半生」，或是「整盤熟是熟了，卻變黃」壞了賣相，想要炒得脆嫩又翠綠，該怎麼辦呢？
先記得第一招：梗、葉分開處理。先下梗略炒半熟時，再下葉。
第二招：加水上蓋大火燜 1 分鐘，葉菜類蔬菜不能炒太久，有點水炒的方式不只減少油煙，還能利用水蒸氣在鍋內循環加速熟成，一舉二得呢！

涼拌竹筍沙拉

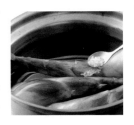

✖ 大廚美味重點：
加生米，竹筍煮到恰到好處

　　夏天最愛吃涼筍，想要清甜多汁就要帶殼煮，冷水時放入加了一點生米的水煮。為什麼要這樣做呢？很簡單，生米煮至軟爛需要 30 分鐘以上，而竹筍要煮到軟熟的時間與米粒熟成時間相當，所以使用最容易取的食材來計算時間最簡單。

材料：　　　　　調味料：

綠竹筍 3 根　　　美乃滋 150 公克
生米粒 10 粒

做法：

❶ 將竹筍帶殼洗淨後，放入裝有冷水的鍋中，再加入 10 粒生米。

　　TIPS 煮筍的水量必須要蓋過竹筍 10 公分以上，因為長時間燉煮水分會逐漸消失。

❷ 接著再蓋上鍋蓋，再以大火煮開，再轉小火，煮約 30 分鐘，同時間白米也會煮成軟爛即可。

❸ 再關火燜 15 分鐘，再取出泡冷開水，或者是連同冷水放入冰箱冷藏也可以。

　　TIPS 為什麼煮熟後要泡冷水不能直接放涼就好，竹筍經煮 30 分鐘後甜分、水分、軟度恰到好處，如果沒有急速冷卻會造成竹筍過柴，甜分流失。

❹ 冰鎮過後的竹筍去殼，如果下端有較老的粗纖維可以稍稍切掉後，再滾刀切塊，排盤、擠上美乃滋即可。

　　TIPS 覺得美奶滋熱量太高者，可以試試客家人的桔醬＋少許淡醬油，清甜的筍配上微酸鹹的醬汁，口感清爽。

🍴 關於竹筍

綠竹筍是只要採收下來就會開始變老的特別食材，所以建議買當日清晨現採的鮮筍，買後立刻煮。建議買彎腰露黃肚的竹筍最鮮甜，帶紅土更好，不要買泡水的竹筍，要如何知道是否泡水呢？沒有泡水的竹筍會帶紅土，泡水的很乾淨，筍底肉質較粗糙。

綠竹筍、桂竹筍、麻竹筍、冬筍、箭筍買回來，無論是否當天食用都盡可能馬上煮熟，煮的時間都是相近約 30 分鐘，再冷卻，放入冰箱冷藏約 1 星期為賞味期。

竹筍炒肉絲

　　筍的纖維粗硬，如果直接炒很難熟透，煮熟的涼筍換換口味，切片後加入含油脂的食材同炒更是噴香有味。

材料：

豬絞肉 200 公克
綠竹筍 2 根
蒜頭 3 瓣
辣椒 1/2 根
青蔥 2 根
酸菜 50 公克

調味料：

辣豆瓣少許
客家油蔥醬 1 大匙
醬油 1 小匙
砂糖 1 小匙
水適量
香油 1 小匙

做法：

❶ 綠竹筍去殼，再切片，再切成絲狀，再放入滾水中汆燙過水，再撈起備用。

❷ 再將蒜頭、辣椒切片，青蔥切小段，酸菜切絲洗淨，備用。

❸ 再將豬絞肉放入鍋中，再以中火將豬絞肉爆香，接著再加入做法 1、2 材料一起爆香。

❹ 再加入所有調味料再多燴煮一下，略炒至收乾入味即可。

🍴 台灣鮮筍最適合的料理

名稱	盛產季節	料理方式
綠竹筍	5-10 月	涼筍、煮湯
麻竹筍	4-11 月	煮排骨湯、滷肉
桂竹筍	3-5 月	竹筍炒肉絲、滷爌肉
冬筍	11-1 月	煲湯、燒肉

涼拌小黃瓜

✗ 大廚美味重點：

切扇形入味最快

　　小黃瓜先切成約 3 公分段狀，再使用刀尖輕輕劃入，每一片約 0.1 公分不可以斷，如果刀工不好也可以間距切 0.2 公分較不會斷，再使用刀背輕壓，讓小黃瓜破壞組織後，以鹽巴去青，因為接觸調味醃製的面積加大，快速入味就不是難事啦！如果覺得這樣切，實在太難，也可以菜刀將小黃瓜拍扁到略破的樣子也行，只要有破壞小黃瓜組織才能真正入味。

材料：	醃料：	調味料：	
小黃瓜 3 條	鹽巴 1 大匙	白醋 1 大匙	鹽巴白胡椒少許
蒜頭 3 瓣		砂糖 1 大匙	
辣椒 1 根		香油 2 大匙	
		辣油少許	

做法：

❶ 首先將小黃瓜洗淨，再對切再切成 1/2 的 5 公分長度，再使用菜刀薄片不要斷（切成扇形），備用。

❷ 接著再將切好扇形的小黃瓜放入醃料中，輕輕的醃漬約 10 分鐘，再使用礦泉水洗滌去鹹味，再將水分瀝乾。

　　TIPS 這時小黃瓜會出水，如果直接調味，口味會被稀釋。

❸ 將蒜頭、辣椒都切成片狀，備用。

❹ 取一個容器再加入所有調味料，再使用湯匙攪拌均勻，再加入蒜頭碎、辣椒碎與小黃瓜一起攪拌均勻，放入冰箱冷藏浸置約 2 小時左右風味最佳。

　　TIPS 涼拌青菜不是醃漬時間愈長就愈好吃，時間太長調味的鹹味滲透過多，蔬菜會變軟爛，太入味反而影響風味。

樹子炒水蓮

✖ 大廚美味重點：
樹籽要壓破才出味

　　水蓮本身質地較軟質，含水量非常高，如果炒的時候火太小，熟成時間長就會變黑，也會出很多水，就可能會產生苦味，所以炒水蓮一定要用 15cc 以上的油，再加入帶有甘甜味的破布子來爆香，添香氣除草青味，一舉二得。

　　樹籽又稱破布子，一定要壓扁才能瞬間出味，當然必須以中大火快炒約 2 分鐘讓水蓮快速熟成，漂亮又不會有澀味。

材料：

水蓮一綑
豬絞肉 50 公克
蒜頭 2 瓣
薑 20 公克
辣椒 1/2 根

調味料：

香油 1 小匙
鹽巴少許
樹籽 2 大匙
冷開水一大匙

做法：

❶ 首先將水蓮切成大段狀，再放入水中洗滌乾淨。

❷ 將蒜頭與辣椒都切成片狀，薑切絲，備用。

❸ 炒鍋先加入一大匙沙拉油，加入豬絞肉與蒜頭、辣椒、薑以大火爆香，炒到豬絞肉顏色變白。

❹ 再加入處理好的水蓮及全部調味料，以大火翻炒均勻，上蓋略燜 1 分鐘即可。

🍴 關於水蓮

水蓮為台灣美濃客家庄的產物，都是種植在池塘，採收時必須要穿著青蛙裝在水裡採收，非常辛苦。水蓮是很健康高纖維蔬菜，如果不使用破布子炒，也可以選擇客家黃豆醬，加入豬肉絲或者是豬絞肉，再加入香油一大匙，用大火快炒，風味也是超讚！

麻油山蘇

• 在台灣，山蘇、川七都是澀味重的野菜，必須要使用豬肉、麻油以大火快炒，或以破布子、辣椒醬、麻油等味道重的副材料才能壓味，做出清脆口感的料理。

✗ 大廚美味重點：
修粗莖再配小魚干最對味

山蘇屬於野菜中蕨類的一種，取之頭部分最嫩，所以下鍋前一定要把粗莖先修掉，如果你沒有把握以大火快炒方式直接下鍋，也可以先汆燙 20 秒，撈起泡冰水後，再用麻油和丁香魚爆香後，以大火快炒增香氣，脆又不澀，加上山蘇與小魚乾的鮮香真是合拍對味。

材料：
山蘇 350 公克
樹籽 2 大匙
蒜頭 3 瓣
辣椒 1 根
小魚乾 1 大匙

調味料：
醬油膏 1 小匙
鹽巴白胡椒少許
麻油 1 大匙
水適量
砂糖 1 小匙

做法：

❶ 首先將山蘇剪去老梗，再切成小段狀，洗滌乾淨備用。

❷ 再將蒜頭與辣椒切片，備用。

❸ 把樹籽壓破，小魚乾洗淨再泡冷水約 30 分鐘讓小魚乾略微軟化備用。

❹ 熱炒鍋，加入一大匙麻油，再加入蒜頭與辣椒、小魚乾、樹籽使用大火爆香。

❺ 接著再加入山蘇與所有調味料一起炒香，再蓋上鍋蓋略燜 1 分鐘即可。

醬汁茄子

✖ 大廚美味重點：
小動作壓一壓茄子不變色

　　不過油也能不變色的茄子，應該很多家庭煮婦都想知道。大廚重點在二次的「壓一壓」，第一次是切好的茄子放在桌上稍微壓一壓，第二次最重要，放在滾水中汆燙時要邊煮邊壓，主要在幫助茄子中心快速熟成，不會因燙太久讓漂亮的紫色變調。

　　買茄子可以選小一點的，口感較嫩也更好入味，且切成長度約 8 ～ 10 公分段狀，在汆燙時輕壓，破壞茄子組織最容易，也不會讓茄子的甜分與水分流失太多。

材料：

茄子 2 根
香菜 2 根

調味料：

蒜頭碎 2 粒
薑碎 1 小匙
辣椒碎 1/2 根

醬油膏 1 大匙
水 2 大匙
砂糖 1 小匙
香油 1 大匙

做法：

❶ 首先將茄子切成約 8 ～ 10 公分的段狀，再洗乾淨備用。

> **TIPS** 茄子切成 8 ～ 10 公分最是汆燙最佳長度，太短容易過爛，太長不容易熟化久煮會變色，而且在擺盤時無論冷食或熱食都是非常漂亮的。

❷ 蒜頭、薑、辣椒都切碎，備用。

❸ 把所有調味料的所有材料放入容器中，再攪拌均勻即為三味醬。

❹ 把切好的茄子放在桌上稍微壓一壓，再放入滾水再加入一大匙沙拉油，水滾加入茄子，再放入冷水中過水冷卻，備用。

> **TIPS** 放桌上時先壓一壓，就是在幫茄子「馬殺雞」，之後再汆燙料理入味軟化會較快。

❺ 最後再將茄子擰乾水分，再盛盤再淋入製作好的醬汁即可，最後加入香菜裝飾即可。

邱師傅的三味醬

三味醬不只適合拌茄子，也很適合搭配海鮮，以冷盤為主，例如冷盤的螺肉、花枝、透抽都可以去腥提味，還能引出海味甜唷！

材料：	調味料：
薑 30 公克	醬油膏 2 大匙
蒜頭 50 公克	米酒 1 小匙
辣椒 20 公克	砂糖 1 小匙
香菜 8 公克	香油 2 大匙
	溫水 1 大匙
	麻油 1 小匙

做法：

❶ 首先將蒜頭、辣椒、香菜都洗滌乾淨，備用。

❷ 再將做法 1 材料都切成碎狀，備用。

❸ 切好的材料依序加入容器中，再加入所有調味料，再攪拌均勻，就成為三味醬。

家常燒茄子

茄子要保色，大廚做法大多是過熱油最快最好吃，但想兼顧健康的話，就是建議可以改用半煎炸的方法，過程中記得壓一壓，然後快速起鍋，將茄子放入滾水中過一下熱水去油，油少又健康。

材料：

茄子 2 根
豬絞肉 120 公克
九層塔 5 根
蒜頭 3 瓣
辣椒 1 根

調味料：

醬油 1 大匙
砂糖 1 小匙
辣豆瓣少許
香油 1 小匙
太白粉水適量
水適量

做法：

❶ 首先將茄子洗淨，再切成約 5 公分長度，備用。

❷ 將九層塔洗淨，蒜頭與辣椒切碎，備用。

❸ 將洗淨的茄子使用餐巾紙吸乾水分，再放入約 180 度的少量油鍋中，以半煎炸的方式炸到茄子變深紫色，馬上撈起再過滾水約 5 秒，撈起濾乾水分備用。

❹ 熱炒鍋，加入一大匙沙拉油，再加入蒜頭與辣椒、豬絞肉一起炒，再以中火爆香，再加入所有調味料。

❺ 最後再加入處理好的茄子，再翻炒均勻，再略芶薄芡即可。

TIPS 最後芶薄芡這個動作，主要是讓鍋中的醬汁能緊緊巴在茄子上，更有味好吃。

🍴關於茄子

台灣常見的二種茄子，一種是台灣的紫長茄，另一種是日本圓茄，全年均有。紫長茄要好吃就是要油炸保色、軟化，涼拌熱炒兩相宜。另一種圓茄，身材較為胖，肉質較紮實，往往汆燙就會顏色大變，較為適合作日本料理炸物、南洋菜酸湯燉湯料、西式料理烤茄子、茄子泥醬、炭烤茄子。兩種茄子各有不同之處，但台灣的茄子還是最好吃。

蘆筍炒百合

✖ 大廚美味重點：
百合不過軟才是完美

這道菜因為蘆筍纖維較粗，需要稍微煮一下，對易熟的百合來說，「百合不過軟」才是完美搭配，所以一定要等蘆筍約七分熟時，才是百合下鍋的最佳時機。

建議買新鮮百合炒起來才脆口，日本有機生產的肉質較為肥厚，也較不會變色，口感濃郁有香氣，大陸百合是真空包、肉質較薄不脆，而中藥店裡大多是乾燥略帶苦味，多用來煮藥膳湯。

材料：　　　　　調味料：

蘆筍 300 公克　　鹽巴少許
新鮮日本百合 1 顆　白胡椒少許
薑 5 片　　　　　香油少許
蒜頭 2 瓣　　　　米酒 1 小匙
枸杞 1 大匙　　　太白粉水適量
　　　　　　　　水 2 大匙

做法：

❶ 首先將蘆筍去老皮，再切成小段狀。新鮮百合一片片掰開洗淨，再泡冷水，備用。

　　TIPS 粗的蘆筍有部分纖維太粗，需要先削去後再料理，以免太老影響口感。

❷ 蒜頭切片，薑切絲，枸杞洗淨泡水，備用。

❸ 熱炒鍋，加入一大匙沙拉油，再加入蒜頭與辣椒以中火先爆香。

❹ 爆香後再加入蘆筍與所有調味料一起爆香，等待蘆筍 7 分熟，最後再加入百合拌炒，大火再上蓋約 1 分鐘即可。

❺ 起鍋前再加入處理好的枸杞即可。

　　TIPS 枸杞有著漂亮的紅色，其易熟的特性，只需起鍋前再加入，既能裝飾還能增添料理的自然清甜味

三杯杏鮑菇

🍴 大廚美味重點：
切滾刀塊最入味

　　杏鮑菇要入味就要先在菇身上用叉子叉洞，然後滾刀切塊，為什麼呢？因為面較多，要燴煮同時可以同時受熱與入味。

　　大朵買完整漂亮的杏鮑菇很貴，可以選擇杏鮑菇蒂頭作三杯更有脆度又便宜，好吃又省錢，絕對是主婦的最愛。

材料：

杏鮑菇（大）3 根
老薑 30 公克
蒜頭 8 瓣
辣椒 1 根
九層塔 3 根

調味料：

醬油膏 1 大匙
麻油 1 又 1/2 大匙
香油 1 小匙
米酒 1 大匙

水 2 大匙
砂糖 1 小匙
白胡椒少許

做法：

❶ 首先將杏鮑菇使用叉子略戳洞，再滾刀切塊備用。

❷ 老薑切片，辣椒切段，蒜頭去蒂，九層塔洗淨，備用。

❸ 熱炒鍋，加入少許香油，再加入杏鮑菇以中小火煸香。

　　TIPS 麻油經久煮容易產生苦味，所以先用少許香油煸香最適合。

❹ 鍋中再加入麻油，再加入薑片、蒜頭、辣椒都一起加入，再以中火一起爆香。

❺ 接著再加入剩餘調味料翻炒均勻，起鍋前再加入九層塔翻炒一下即可。

　　TIPS 如果希望醬汁能穩穩的巴在杏鮑菇上，可以最後以太白粉水勾薄芡。

三杯雞

　　無人不知無人不曉的三杯雞，最重視的就是香氣，三杯就是指「麻油＋醬油＋米酒」，而且為了讓料理不死鹹，必須加少許糖中和一下，這也能讓雞肉燒到收汁入味時呈現漂亮焦糖色，這樣才會入味好吃。

材料：

大雞腿 1 隻（約 500 公克）
老薑 30 公克
蒜頭 7 瓣
辣椒 1 根
九層塔 3 株

調味料：

醬油 1 大匙
米酒 1 大匙
砂糖 1 小匙
鹽巴白胡椒少許
麻油 1 小匙
水 300cc
太白粉水適量

做法：

❶ 首先將大雞腿洗淨，再將雞腿切成小塊狀，備用。

❷ 老薑切片，蒜頭去蒂，辣椒切小段，九層塔洗淨備用。

❸ 炒鍋先加入一大匙麻油，再加入薑片與雞腿塊以中火煎上色。

❹ 接下來再加入蒜頭與辣椒一起爆香，再加入所有調味料略煮一下。

❺ 最後以太白粉水勾薄芡，再加入九層塔翻炒均勻即可。

　　TIPS 九層塔葉遇熱容易變黑，所以一定要起鍋前最後再放入才保色。

🍴關於黑麻油

黑麻油是從黑芝麻中提煉而成，顏色呈深褐色，屬性溫熱，常被拿來進補之用，因風味獨特，香醇不膩，各式麻油料理都相當受到大眾喜愛。

絲瓜蛤蜊

✗ 大廚美味重點：
不加一滴水的美味

　　絲瓜本身有很充足的水分，而蛤蜊也有水分，所以這道菜要大膽的不加一滴水，就靠著一個動作「上蓋燜」，就能燜出鮮香甜味，此時爐火不能太大，以免燜熟就燒焦了。

　　蛤蜊要到菜市場買新鮮的，吐沙鹽巴水一定要與海水一樣的鹹度（15 公克鹽 + 500cc 水）。

材料：

蛤蜊 500 公克
絲瓜 1 條
蒜頭 2 瓣
薑 20 公克

調味料：

鹽巴少許
白胡椒少許
米酒 1 小匙
香油 1 小匙

做法：

❶ 首先將蛤蜊洗淨，再泡冷水，冷水中加入 1 大匙鹽巴，靜置約 2 小時吐沙，再洗淨備用。

　　TIPS 加一點鹽能幫助蛤蜊順利吐沙，料理口感更好。

❷ 絲瓜使用菜刀慢慢刮除去皮切小條，蒜頭切片，薑切片，備用。

❸ 炒鍋中加入一小匙沙拉油，再加入絲瓜、薑片、蒜片、蛤蜊以及所有加入全部調味料，再上蓋以中小火燜煮約 4 ～ 5 分鐘。

❸ 最後鍋蓋冒出水煙，再開鍋蓋淋入少許香油即可。

2

TIPS 不直接用削皮刀去皮，而用菜刀慢慢刮除外皮，主要是保留絲瓜外皮綠的部分，既能去掉粗纖維，又可以使絲瓜吃來清脆爽口。

干貝絲瓜

絲瓜味清甜,與海味乾貨,如干貝、蝦米等,還有鮮菇及蛋搭配都很合拍對味,做法相同只需將副材料換一下,就是一道全新好菜,歡迎混搭。

材料:

絲瓜 1 條
薑 15 公克
蒜頭 2 瓣
瑤柱 2 粒

調味料:

鹽巴少許
白胡椒少許
米酒 1 小匙
水適量

做法:

❶ 首先將瑤柱洗淨,再放入小碗中,再加入一大匙米酒,放入蒸籠裡面蒸約 15 分鐘,再取出拔絲,備用。

   TIPS 瑤柱就是干貝乾,購買時可以買瑤柱絲較為便宜,口味與品質都是相同,於南北乾貨店都能購買得到。

❷ 把絲瓜去皮,再切成大片狀,薑切絲,蒜頭切片,備用。

❸ 炒鍋先加入一小匙沙拉油,再加入薑絲、蒜頭一起以中火先爆香。

❹ 接著再加入絲瓜,與所有加入全部調味料,再上蓋燜煮約 2 分鐘即可。

❺ 最後要起鍋前再加入以處理好的瑤柱絲,會煮一下就完成了。

🔪 關於絲瓜

澎湖絲瓜、傳統絲瓜幾乎全年都有,要選擇瘦長型,表面沒有蟲害,顏色鮮綠,握起紮實。把握這幾種要件,保證挑到的絲瓜好吃。
絲瓜為什麼會炒起黑呢?有可能是絲瓜表面上有蟲吃,還有絲瓜在搬運過程因碰撞受損,如果有,經過加熱過後就會產生黑點,所以要購買之前務必要注意表面完整性。

乾煸四季豆

✖ 大廚美味重點：

不油炸的健康做法

　　以前認為一定要油炸才會好吃，油溫都需要約 170 度以上炸約 2～3 分鐘，再加入鍋中大火快炒，就是傳統老味道，但炸的過程中很容易油爆，是主婦們很排斥的烹調手法。

　　邱主廚研究出使用淺油燒熱以中火慢煸方式，更能讓原四季豆的原味重現，煎過的四季豆再與肉末一起爆香，省油又能吃出整體香氣，最主要比較不危險，更是能帶給健康指標。

材料：　　　　調味料：

四季豆 300 公克　　醬油少許
豬絞肉 100 公克　　辣豆瓣醬 1 小匙
蒜頭 3 瓣　　　　　砂糖少許
辣椒 1 根　　　　　白胡椒少許
九層塔 3 小株　　　香油少許

做法：

❶ 將四季豆去頭去尾，再切成對半約 10 公分，再洗淨備用。

　TIPS 有粗絲的四季豆要用手仔細摘除，口感才會好。

❷ 再將蒜頭與辣椒都切成碎狀，九層塔切碎備用。

❸ 平底鍋內加入一大匙沙拉油，放入四季豆以中小火慢慢將四季豆煸乾至略微上色即可。

　TIPS 這裡需要時間慢煸才會上色，急不了，也要用鍋鏟將四季豆翻面以均勻上色。

❹ 接著於做法 3 鍋中加入蒜頭、辣椒及豬絞肉以中火一起爆香，再加入所有調味料炒香，起鍋前放入九層塔碎炒勻即可。

什錦回鍋肉

• 小時候媽媽會將拜完祖先的三層肉切片，再炒豆乾、蒜苗、香菜，用醬油調味，就是一道非常典型的客家菜，我就用此改良成什錦回鍋肉。

✖ 大廚美味重點：

先滾水汆燙，再以大火爆香最正確

　　回鍋肉以客家人來說，大多是拜拜結束的熟肉，切片後搭配青椒、蒜苗、豆乾等等配菜做出一道新的料理，客家人選的三層肉較為肥厚，所以會切片再汆燙去油，再以大火把油脂逼出，讓表面焦化，這樣吃起來略微酥脆，較少油脂，可解油膩感。

材料：

熟三層肉 300 公克	辣椒 1 根
青椒 1 顆	蒜頭 3 瓣
紅黃甜椒 1/4 顆	青蔥 2 根
豆乾 4 片	

調味料：

豆豉 1 小匙
甜麵醬 1 小匙
砂糖 1 小匙
醬油 1 小匙

做法：

❶ 首先將熟三層肉切成薄片，再放入滾水中汆燙一下，再濾水備用。

　　TIPS 熟肉往往都會還油質較高，只要汆燙過後就可以去油減少負擔。

❷ 接著再將豆乾切片，辣椒切片，蒜頭切片，青椒及紅黃甜椒切小塊狀，青蔥切小段，備用。

❸ 熱炒鍋，加入一大匙沙拉油，加入豆乾、三層肉以中火慢慢爆香，逼出油脂至都略上色後，再加入蒜頭、辣椒、青椒、青蔥及紅黃甜椒一起炒香。

❹ 最後再加入所有調味料再翻炒均勻入味即可。

TIPS 炒回鍋肉如果沒有甜麵醬
加入沙茶醬也不錯。

鹹蛋瓜仔肉

✖ 大廚美味重點：
加入全蛋肉質最滑嫩

　　這是一道非簡單又下飯的絞肉料理，為了健康選擇較瘦的絞肉，但想要讓料理吃來滑潤可口，就要加入全蛋來豐潤口感，還能增加黏性，當然摔打步驟不能省，就是要讓肉稍微出筋，再以電鍋蒸熟的成品才會滑嫩順口。

　　切記每一家電鍋蒸的時間不同，所以不要以外鍋幾杯水，自行看時間最正確。

材料：

豬絞肉 350 公克　　蒜頭 2 瓣
鹹蛋 1 粒
罐頭脆瓜 150 公克
香菜 2 根

調味料：

雞蛋 1 粒
脆瓜湯汁 2 大匙
白胡椒少許
砂糖少許

做法：

❶ 首先將豬絞肉放在砧板上，再使用菜刀剁成細泥狀，備用。

　　TIPS 為了讓口感更綿密才要再剁成細泥狀，如果喜歡有嚼勁口感者或沒時間者可以省略。

❷ 將鹹蛋切開只留鹹蛋黃，香菜、蒜頭、脆瓜都切成碎狀，備用。

❸ 取一個大鋼盆，再加入豬絞肉、香菜、脆瓜、蒜頭等攪拌均勻，讓絞肉與所有材料均勻混合在一起。

❹ 接著再加入所有調味料，用半掌將肉泥拿起重摔幾次至出筋，再加入一粒全蛋後，再摔至全部融合在一起。

　　TIPS 這個動作很重要，如果省略，很可能在成品倒扣出來時無法定形。

❺ 再取一個碗公，底部將蛋黃壓扁，再加入摔成出筋的豬絞肉全部加入碗公中，表面稍微抹平，再包上耐熱保鮮膜 / 或使用耐熱鍋蓋，備用。

❻ 最後再放入電鍋中，蒸約 18 分鐘，再關火燜約 10 分鐘即可。

薑汁白切肉

- 台灣人祭祖偏愛三牲，肉新鮮只要醬對了，簡單水煮切薄片沾醬吃，皮Q、肉有嚼勁，感受純粹的濃郁肉味，就好吃到不行啦！

✕ 大廚美味重點：
三層肉以冷水煮，關火燜最鮮嫩

　　三層肉汆燙時一定要以冷水時就下鍋，水一滾就關火，以餘溫慢慢燜熟，肉質最鮮嫩多汁。為什麼不能在水滾時放入呢？因為滾水會讓肉質瞬間燙熟，導致肉質老化，肉質變柴口感不佳。要讓肉質軟Q，就要冷水下肉條，讓肉塊慢慢熟化，再關火上蓋，鎖住肉汁，肉質才會軟嫩好吃。

　　為健康著想，三層肉要選較瘦的中間部分，油脂不要太多，三分肥，七分瘦最健康。

材料：

三層肉（五花肉）
500 公克
薑 1 小段
青蔥 1 根

調味料：

鹽巴 1 小匙
薑汁醬適量

做法：

❶ 把薑切片，青蔥切段備用。

❷ 首先將三層肉洗淨，再放入鍋中，再放入薑與蔥段，加入冷水蓋過三層肉，再上蓋，以中火煮開，煮約 15 分鐘，再關火後持續燜15 分鐘，再撈起放涼。

❸ 將放涼的三層肉切薄片，食用時佐以薑汁醬即可。

蒜泥白肉

材料:

熟三層肉(五花肉)500公克、綠豆芽120公克、薑20公克、青蔥1根

沾醬:

蒜泥1大匙、薑泥1小匙、醬油1小匙、砂糖1小匙、米酒1小匙、香油1大匙

做法:

❶ 將薑、青蔥都切成絲狀,綠豆芽洗淨,再放入滾水中汆燙過水備用。

❷ 將放涼的熟三層肉切片,備用。

❸ 將做法1汆燙好的蔬菜放入盤中,再放入切好的三層肉。

❹ 最後把沾醬攪拌均勻,再佐三層肉食用。

邱師傅的 **薑汁醬**

薑汁醬不是純薑泥就好,搭配少許蒜、糖、味醂及醬油膏,調出微辣微甜的好滋味

材料:

薑泥55公克　　　　砂糖少許
蒜泥3粒　　　　　香油1大匙
醬油膏1大匙　　　白醋少許
開水1小匙　　　　味醂1小匙

做法:

● 將所以材料一起攪拌均勻即為醬汁。

蒼蠅頭

🍴 大廚美味重點：
韭菜絞肉 3：1 最美味

　　韭菜花有較重的菜腥味，用多一點的豬肉的油香來讓韭菜花去味轉香，但太多的肉會讓料理變的油膩，3：1 是最棒的黃金比例。且韭菜花屬於有梗蔬菜，韭菜花要先炒梗，再炒頭最正確，大火快炒，也要加水蓋鍋蓋略燜 1 分鐘，起鍋最翠綠。

材料：

韭菜花 300 公克　　豆豉 1 大匙
豬絞肉 100 公克
蒜頭 3 粒
辣椒 1 根

調味料：

鹽巴胡椒少許
砂糖少許
水適量
香油 1 小匙

做法：

❶ 首先將韭菜花分別切成碎狀，再洗淨備用。

❷ 把蒜頭、辣椒、豆豉泡水約 20 分鐘去除鹹味洗淨，備用。

❸ 熱炒鍋，加入一大匙沙拉油，再加入豬絞肉中火爆香。

❹ 接著再加入蒜頭、辣椒，所有調味料一起爆香，再加一點水上蓋燜約 1 分鐘。

❺ 起鍋前再加入少許香油，炒一下即可。

🍴 客家人的蒼蠅頭有加九層塔

小時候在客家庄媽媽種很多韭菜花，除了會炒蛋外，也會拿來炒肉末類似蒼蠅頭做法，但是最後媽媽會加入新鮮的九層塔翻炒均勻，這樣一來增添上桌前的一股香氣，味道更是特別。

皮蛋炒韭菜

韭菜花雖然是韭菜的花苔，但口感不同，韭菜花較清脆，韭菜的辛香味較重，除了熱炒外，常被用來做成餡料包成水餃、韭菜包、韭菜盒子等。

材料：

韭菜 1 把
豬絞肉 70 公克
皮蛋 2 顆
蒜頭 2 瓣
辣椒 1 根
紅蘿蔔 30 公克

調味料：

豆豉 1 大匙
鹽巴白胡椒少許
香油 1 小匙

做法：

❶ 將皮蛋洗淨放入電鍋中蒸 15 分鐘，再取出冷卻去殼切小丁備用。

❷ 韭菜去根部，再切成小段狀，再洗淨，備用。

❸ 將蒜頭、辣椒切片，紅蘿蔔切絲備用。

❹ 熱炒鍋先加入一小匙沙拉油，再加入豬絞肉爆香，再加入蒜頭，辣椒爆香。

❺ 最後再將所有調味料（豆豉要洗淨去鹹味），與皮蛋、韭菜一起炒香，再上蓋燜 2 分鐘即可。

🥄 關於皮蛋

皮蛋如果不蒸過，也許蛋殼會交叉污染的疑慮，要切小丁也不好切，如果沒有蒸熟切下去會有很多的膏狀，黏刀子，又切的不美麗，所以建議大家先蒸再切，最漂亮。

台式滷三味

• 相同配方也用在滷牛肉，選用牛腱子肉或牛腩都會很不錯，只是煮的時間要更長，時間以大火煮開，再轉中火，上蓋燉煮約 1.5 小時，再燜 20 分鐘即可。

✖ 大廚美味重點：
炒糖，變焦糖最能上色

　　滷味若光用醬油上色，那會超級死鹹，一定要用「炒糖，當糖變焦糖色時加入食材最能讓顏色出來」。炒糖時最好使用不沾鍋，較不會變黑。如果沒有不沾鍋可以使用白鐵鍋，糖加入要以中火煮開，開始變金黃色，瓦斯馬上要轉小火，再炒至焦化，就要馬上加入醬油與紹興酒略燒一下，醬香氣與顏色馬上會出來。

材料：

三節雞翅 6 隻	洋蔥 1 粒	
海帶 5 條	青蔥 2 根	
豬腱子肉	辣椒 1 根	
350 公克	薑 30 公克	

調味料：

醬油 50cc	鹽巴白胡椒少許
紹興酒 2 大匙	香油 1 小匙
砂糖 1 大匙	中藥店滷包 1 小包
水 2000cc	

做法：

❶ 首將雞翅洗淨，海帶洗淨，豬腱子肉洗淨，再放入滾水中汆燙一下，備用。

❷ 將洋蔥切小塊，辣椒切對半，薑切片，青蔥切段備用。

❸ 取炒鍋，先加入砂糖以中小火燒成焦糖色，接著再加入雞翅、豬腱子肉、海帶與做法 2 材料一起爆香。

❹ 再加入所有調味料，再上蓋以中小火略煮 40 分鐘即可。

TIPS 滷味加入洋蔥，讓新鮮洋蔥的甜味滲入滷汁中，帶著自然清甜。

乾煎虱目魚肚

✖ 大廚美味重點：
煎出漂亮完整魚的方法

　　煎魚無論白鐵鍋、鑄鐵鍋或是不沾鍋，全部都是熱鍋冷油時下魚，而且不要立刻翻面，一定要中火煎到定形，約 2～3 分鐘時才能輕輕用鍋鏟翻面再轉小火，煎任何的魚都是差不多的做法，成功機率 99％以上喔。

材料：

虱目魚肚 1 尾
薑 20 公克
青蔥 1 根

醃料：

米酒 1 小匙
鹽巴白胡椒少許

做法：

❶ 首先將虱目魚洗淨，再放入醃料中醃漬約 10 分鐘，再使用餐巾紙略吸乾水分，備用。

❷ 取平底鍋，加入一小匙沙拉油，再放入吸乾水分的虱目魚，開中火。

　　TIPS 魚身要吸乾水分，表面拍上少許麵粉，要記得魚肚油質較多先下。

❸ 等待魚身有吱吱作響聲音時，再煎 2 分鐘才翻面。

❹ 把薑切絲，青蔥切蔥花備用。

❺ 將魚二面煎至焦黃，再加入薑絲，蔥花再續煎約 1 分鐘即可。

　　TIPS 因為煎魚時間較長，如果一開始就將薑蔥放入爆香，到最後就會焦黑，反而影響賣相和口味。

五味透抽

✄ 大廚美味重點：
滾水汆燙關鍵 1 分鐘

　　海鮮食材最好都先汆燙過，且所有的汆燙要記住，一定是水滾沸才下食材，溫度高時間短，才能快速定形，熱度夠熟成時間也快得多。如果煮的時間太長，海鮮的肉質容易老化變得乾柴，不好吃。

材料：

薑 30 公克
蒜頭 50 公克
辣椒 20 公克
香菜 8 公克

調味料：

米酒 1 大匙
香油 1 小匙
水 1000cc

沾醬：

五味醬 3 大匙

做法：

❶ 將透抽洗淨，挖空，再切成花刀狀，備用。

❷ 薑切片，青蔥切大段備用。

❸ 取一個炒鍋加入薑片、青蔥，所有加入全部調味料湯鍋中，以大火滾開。

❹ 待水滾開後，快速將透抽放入，汆燙約一分鐘即可撈起，最後盛盤，食用時佐以五味醬即可。

TIPS 以刀尖用斜刀方式，將透抽表面切花，不只快速熟成，賣相更漂亮。

邱師傅的 五味醬

五味醬是台味經典醬汁,主材料就是蔥末、辣椒末、蒜末、薑泥、香菜等辛香食材互相搭配,讓香氣融合在一起,很適合沾海鮮類的食物,沒有規定那五種,可依個人喜好自行搭配

材料:

薑 1 小匙
蒜頭 1 小匙
香菜 1 小匙
青蔥 1 小匙

調味料:

醬油膏 1 小匙
香油 1 小匙
砂糖 1 小匙
番茄醬 1 大匙
鹽巴白胡椒少許

做法:

❶ 將薑、蒜頭、香菜、青蔥,都切成碎狀。

❷ 再加入其餘的所有調味料一起攪拌均勻,當作醬料。

五味蚵仔

海鮮類的食材,第一重點就是要新鮮,不用什麼特殊料理技法,單純白水汆燙佐醬汁,就好吃到不行。

材料:

鮮蚵 400 公克
高麗菜 100 公克
青蔥 2 根

調味料:

五味醬 2 大匙

醃料:

米酒 1 小匙
鹽巴白胡椒少許
香油 1 小匙
地瓜粉 50 公克

做法:

❶ 首先將鮮蚵洗淨,再洗的過程中水龍頭水不可開太大,以免鮮蚵破裂,再濾乾水分。

❷ 高麗菜切絲,再泡冷水;青蔥切蔥花,備用。

❸ 將鮮蚵放入醃料中醃漬 3 分鐘再裹上地瓜粉,再放入 100 度熱水中,泡約 2 分鐘泡熟。

❹ 接下來將高麗菜鋪盤底,再加入煮熟鮮蚵,再淋入五味醬,撒入蔥花即可。

邱主廚教你的
家常請客菜單設計

　　請親朋好友到家裡用餐，想吃好吃飽的話，料理道數不少烹煮時間不會太短，所以主廚建議菜單中一定要有可以前一晚就先做好涼拌菜，如糖心蛋、涼拌小黃瓜等，放入冰箱冷藏慢慢入味，客人來時只需取出擺盤就好，還有涼菜五味透抽，可以先做好待涼，再善用廚房小家電火力全開，熱菜一一出爐，如果還是怕來不及出菜的人主食就只能換成白飯，不用洗切花時間，大家一樣能開心吃飽放心聊天啦！

🍽 6 人家庭餐聚　這樣吃飽又吃巧

炒米粉（或白飯）

五味透抽

糖心蛋

客家小炒

蘆筍炒百合

白斬雞腿

芥菜雞湯

紅豆蓮子湯

🍽 10 人朋友歡聚　這樣擺舒服又有面子

鰛魚芋香米粉

魚香烘蛋

花雕雞

台式滷三味

紅燒獅子頭

蒜蓉蒸大蝦

筍絲滷蹄膀

涼拌小黃瓜

魷魚螺肉蒜

拔絲地瓜

Part 2

吃飽飽的好味主食

Taiwan Kitchen

◣大廚教你基本功：

台灣廚房常見的添香法寶

沐浴在食物的香氣中，讓人有種莫名的幸福感，了解各種辛香調味的迷人之處，搭配獨一無二的台灣味道。

蔥

青蔥整枝都是寶，可以整枝入菜，也能蔥白蔥綠分開料理，中式料理大多以蔥白爆香，例如：蔥白炒肉、蔥白燉湯、蔥爆蝦、蔥爆牛肉、蔥爆雞等都需要蔥白提香。蔥綠營養成分與香氣不亞於蔥白，只是大多扮演最後裝飾的角色，最後提香增色，如：清蒸海上鮮的燒蔥油，蔥燜鯽魚、京醬肉絲、蔥油雞等都是用蔥綠嗆香味，還有鹹粥、味噌湯、貢丸湯等也會在最後撒上一把綠蔥花，好吃好香更提高料理的賣相。

薑

台灣有產很多薑，老薑、中薑、嫩薑、子薑、薑黃、南薑等，最常見與便用到的是老薑與嫩薑二種。老薑俗稱（薑母），大多用在中式藥膳進補，入鍋前多半會切片，或是拍扁讓味道慢慢釋出風味最佳，例如耳熟能詳的麻油雞、薑母鴨、三杯雞等都是冬令進補類的美味。嫩薑多用在熱炒或燉湯，可以切片、切絲、切碎入菜，嫩薑沒那麼辛辣，甚至帶點甘甜味，如：薑絲大腸、薑絲燒肉、薑泥醃肉，還有許多海鮮類食材也會以薑去腥去寒，如鮮魚湯、海鮮粥。另外也會拿嫩薑醃漬成紅薑片，搭配用餐很開胃。

蒜

蒜頭在台灣料理扮演的角色非常重要，無論炒蔬菜或魚鮮雞豬牛羊料理上統統用得上，可以切片、切塊、切碎、磨泥，也能完整蒜瓣入菜，例如：蒜炒鮮蔬、三杯中卷、佛跳牆、蒜米炒菠菜、蒜泥白肉等，都是台灣人最喜歡的料理，少了蒜香，料理就像少一味。

紅蔥頭

紅蔥頭雖味辛辣，但經加熱後，味香到百里之外都可以聞香而來，在中式料理為爆香功能，都以切片、切碎為主，都是需要與香油、豬油一起襯托爆香才會美味，舉例：XO干貝醬，客家油蔥醬、肉燥等，再拿來烹調成客家鹹湯圓或炒米粉，甚至是拌青菜最佳調味。

醬油

台灣料理很多愛醬燒，主要以醬油及醬油膏為主，醬油又分純釀造醬油、黑豆醬油等，傳統醬油偏鹹，用在快炒或滷肉很夠味，例如：滷肉、客家小炒、醬油炒飯等，也會拿來醃肉，如先醃好肉片或肉絲，再來拿快炒很容易入味了。淡醬油多以以清淡口味的涼拌或冷盤炒菜為主。醬油膏常用在需勾芡帶微甜的菜色，或作為沾醬，例如：炒三鮮、炒麵、炒肉片為主，使用醬油膏就不需要勾芡了。

香油

人家說做菜要好吃，是視覺、味覺都要考慮進去，一道菜上來一定是香氣跟隨而來，才能引人食欲，香油扮演角色就非常重要。香油是由芝麻提煉，都是在起鍋前滴入鍋中，不用多，就少少數滴就能讓一道菜有畫龍點睛的效果。無論是熱炒或是湯品，都能有撲鼻的香氣。

五香粉

五香粉是滷肉和醃肉的必需品，尤其醃生的梅花肉，包粽子用的三層肉、粉蒸肉、肉丸、鹹豬肉、鹹酥雞、炸雞排等等，只要加了五香粉味道都是非常獨特且有去腥添香的功效。

沙茶醬

沙茶醬以豆酥、蒜頭、紅蔥頭、醬油、五香粉及很多香油等材料組成，較適合沾肉片、當湯底、以及快炒，舉例：沙茶炒牛肉、沙茶火鍋、沙茶炒肉片、沙茶炒蛋等，所以沙茶較適合味道重的食材，也能讓吃重口味的朋友享用，但是油質都會偏多，盡可能炒菜只放沙茶料不要加入油較健康。

台式滷肉飯

✕ 大廚美味重點：
只要有紅蔥頭就夠香

滷肉飯一定要加入紅蔥頭爆香，但如果單純只用蒜頭爆香，是無法達到的多重香氣層次，得再加上台味料理才會出現的蒜酥、油蔥酥，一整個滷汁不需要滷包就會香到不行，讓人忍不住多吃幾碗飯。

材料：

帶皮五花肉 2 斤	油蔥酥 60g
紅蔥頭 100 公克	蒜酥 20g
乾香菇 12 朵	白飯 1 碗
蒜頭 100 公克	

調味料：

冰糖 1 大匙	五香粉 1 小匙
醬油 120 cc	水 600cc
紹興酒 5 大匙	
白胡椒粉 1 小匙	

做法：

❶ 將五花肉先切片而切成小條狀，備用。

　　TIPS 怕五花肉軟軟的不好切，可以放入冰箱微凍（約半小時）定形一下，拿出來時最好切。

❷ 把乾香菇泡軟切小丁，蒜頭、紅蔥頭切片，備用。

　　TIPS 乾貨千萬不能貪快就用熱水泡軟，一定要用冷水，香氣才不會流失。

❸ 取一個湯鍋加入少許沙拉油，再加入做法 1 五花肉條煸至上色且出油，再加入做法 2 材料一起爆香。

❹ 再加入所有調味料，再以小火燉煮約 50 分鐘，再加入油蔥酥、蒜酥即可，最後再將滷好的滷肉，再放在熱騰騰的白飯上即可。

3

TIPS 如果使用不沾鍋，可以不放油直接煸五花肉條至出油，這是向食物借油的概念，不油膩又健康。

高麗菜飯

• 相同做法替代別的食材，再使用砂鍋烹煮，就可作成上海菜飯或臘腸煲仔飯。

✖ 大廚美味重點：
瓦斯爐 10 分鐘做好飯

　　誰說煮飯只能用電鍋或電子鍋，在爐子上煮出來的飯又香又快呢！家裡只要有不沾鍋或砂鍋，煮飯不擔心，水與米的比率為一比一，米需要洗淨浸泡 30 分鐘，再入鍋，蓋上鍋蓋，大火煮開再轉小火煮約 10 分鐘表面沒有水，即可關火再續燜 5 分鐘即可。

　　如果沒有不沾鍋，鐵鍋、不銹鋼鍋做法視同不沾鍋做法，時間與步驟相同，但是要注意的是最後有可能會略為沾黏鍋底，喜歡鍋巴的人也能稍煮久一點。

材料：

高麗菜 1/4 顆	鮮香菇 2 朵
紅蘿蔔 1/4 條	白米 2 杯
甜豆莢 10 片	（量米杯）

調味料：

鹽巴白胡椒少許
香油 1 小匙
雞高湯 2 杯

做法：

❶ 白米洗淨；高麗菜切小丁，紅蘿蔔、鮮香菇切絲，甜豆莢去頭尾，備用。

❷ 取炒鍋，加入高麗菜、香菇、紅蘿蔔以中火先爆香。

❸ 接著加入白米翻炒均勻，再加入所有調味料後，轉小火續煮約 13 分鐘。

❹ 最後起鍋前再加入切好的甜豆片，再翻炒均勻即可。

TIPS 高麗菜梗切小丁，菜甜全入米飯中，煮飯更香。

TIPS 白米在鍋中和爆香料一起翻炒過，滿滿的鍋氣，煮出來香氣十足。

蛋炒飯

延伸料理 黃金醬油炒飯

材料：

冷凍白飯 2 碗
雞蛋 2 粒
洋蔥 1/2 粒
紅蘿蔔 60 公克
青蔥 2 根
玉米粒罐 50 公克
辣椒 1 根
蒜頭 2 瓣

做法：

❶ 將冷凍白飯放入大碗公中撥鬆，再加入 2 粒蛋黃輕輕攪拌均勻，備用。

❷ 將剩餘的蛋白敲入碗中，攪拌均勻備用。

❸ 洋蔥、紅蘿蔔切小丁，蒜頭、辣椒切碎，青蔥切蔥花，備用。

❹ 炒鍋先加入一大匙沙拉油，再加入蛋白以大火炒至八分熟，取出備用。

❺ 接著再入少許沙拉油，加入做法 3 材料與玉米粒一起炒香，再加入做法 1 的黃金飯與所有調味料一起翻炒均勻即可。

TIPS 在炒過程中務必要熱鍋熱油，且全種中大火快炒，縮短熟成時間。

✖ 大廚美味重點：
先炒蛋再炒飯真好吃

　　最好吃的蛋炒飯比率是 5 飯 1 蛋，簡單的蛋炒飯一點也不隨便，雞蛋要先炒至八分熟，起鍋，換炒配料再加入白飯壓鬆，最後再全部團結在一起，蛋片顏色好看，口感更嫩。

　　想要米飯粒粒分明，一定不能用熱騰騰的飯，冷飯的水分比剛煮好的熱白飯較少，最好選擇是使用平鋪入冷凍庫，結凍過後的冷凍飯效果最好，以大火快炒保證不沾黏，是簡單炒又能粒粒分明的方法。

材料：

冷白飯 2 碗	蒜頭 2 瓣
火腿片 2 片	辣椒 1 根
雞蛋 2 粒	青蔥 2 根
玉米粒 100 公克	

調味料：

鹽巴 1 小匙
白胡椒少許
香油少許

做法：

❶ 把火腿切小丁，蒜頭、辣椒都切碎，青蔥切蔥花備用。

❷ 首先將雞蛋敲入碗中，再攪拌均勻，再放入以燒熱油的炒鍋中炒至 7-8 分熟先取出備用。

❸ 炒鍋先加入一大匙沙拉油，再加入做法 1 食材與玉米粒一起以中火炒香。

❹ 再加入白米飯以大火快速翻炒均勻，再加入炒過的蛋片翻炒均勻，最後再加入所有調味料翻炒均勻即可。

　　TIPS 調味可依個人口味增減，喜歡胡椒香氣的人，也能改用黑胡椒或加一點番茄醬做成紅炒飯都很可口。

TIPS 雞蛋約 70 度就會開始熟成，建議用小火煎蛋就好，以免大火易焦。

🍴 為什麼用冷凍飯

因為冷飯還是有許多水氣與澱粉，再炒的時候多少還是會沾鍋，黏糊。如果將將冷飯平鋪，放入冷凍庫冷凍，就可以讓冷飯脫水，又能保持白米飯鮮度。

櫻花蝦炒飯

• 相同做法也可以將食材櫻花蝦換為香腸，
就是美味的香腸炒飯。

大廚美味重點：
櫻花蝦一定要先炒香

　　櫻花蝦不可以洗，因為脆弱的櫻花蝦洗了後會斷頭，香氣也會流失，直接放入炒鍋中先乾煸炒香，盛出後做其他烹調動作，最後再和炒過的飯一起拌炒均勻，才最恰當。

　　購買櫻花蝦的訣竅也是要選擇不要太大尾，因為太大尾吃起來會較硬殼無法軟化，選密封包裝好的，尺寸選 2 公分最恰當。

材料：

白飯 2 碗	辣椒 1/2 粒	
櫻花蝦 2 大匙	火腿 2 片	
雞蛋 2 顆	青蔥 1 根	
洋蔥 1/3 顆		

調味料：

醬油 1 小匙
白胡椒少許
香油 1 大匙

做法：

❶ 將洋蔥切小丁，辣椒切片，青蔥切蔥花，火腿切小丁，備用。

　　TIPS 不吃辣者可以不放辣椒。

❷ 炒鍋不加油，先加入櫻花蝦以小火先烘乾增香，再取出備用。

❸ 接著將雞蛋敲入碗中攪拌均勻，再加入鍋中，以大火炒至 8 分熟，再取出備用。

❹ 再使用原鍋加入一大匙沙拉油，加入做法 1 材料以中火爆香，再加入白飯快速翻炒均勻。

❺ 再加入所有調味料翻炒均勻，最後加入炒香的櫻花蝦輕輕拌勻即可。

　　TIPS 想和主廚一樣排盤美美的，可先選一個大碗公，將炒香的櫻花蝦放在碗底，再放上炒飯，稍微壓實後倒扣在盤中即可。

新竹炒米粉

延伸料理 台式米粉炒

材料：

米粉 1 把、高麗菜 250 公克、紅蘿蔔 30 公克、韭菜 50 公克、豆芽 100 公克

調味料：

滷肉燥適量（做法詳見 p86 台式滷肉飯的肉燥）、豆瓣醬 1 大匙、醬油 1 小匙、鹽巴白胡椒少許、水適量

街邊小店看見熱呼呼的米粉炒，在家現炒其實簡單，關鍵在一鍋滷肉燥，稍微炒香的米粉，拌入一大匙的滷肉燥，真的會香到不行呀！

做法：

❶ 首先將米粉泡冷水 20 分鐘，再濾乾水分備用。

❷ 將高麗菜、紅蘿蔔都切成絲狀，豆芽去頭，洗淨備用。

❸ 炒鍋內先加入一大匙沙拉油，再加入豬絞肉以中火先爆香。

❹ 接著再加入做法 2 材料與所有調味料爆香，再加入米粉一起翻炒均勻即可。

✖ 大廚美味重點：
米粉要燜才會入味軟而不爛

炒米粉時水不可以太多，如果一下子水放太多只會讓米粉太軟爛，真的沒的救，建議少量少量加，而且起鍋前要上蓋燜一會兒，才會讓米粉吸收食材的鮮美滋味，入味又不軟爛，如果覺得還是太硬，可以加少許熱水再燜一下，這個方法最快速。

材料：

米粉 1 把　　　　紅蔥頭 5 瓣
豬肉絲 120 公克　蒜頭 3 瓣
紅蘿蔔 1/2 條　　辣椒 1 根
豆芽菜 50 公克　　乾香菇 5 朵
高麗菜 1/5 棵　　蝦米 1 大匙
韭菜 100 公克

醃料：

醬油 1 小匙
香油少許
太白粉 1 小匙

裝飾物：

油蔥酥 1 大匙
芹菜珠少許

調味料：

香油 1 小匙
米酒 1 大匙
白胡椒少許
醬油 1 大匙
蔥油醬 2 大匙
水 550cc

做法：

❶ 首先將米粉泡軟，撈起濾水備用。

　　TIPS 米粉用 40 度溫水泡軟，或想快速一點就放入滾水略汆燙約 10 秒過水就
　　　　　撈起瀝乾水分。

❷ 豆芽菜洗淨，高麗菜切絲，韭菜與紅蘿蔔切絲，紅蔥頭、蒜頭、辣椒都切片狀，香菇泡冷至軟切片，蝦米泡米酒備用。

❸ 炒鍋先加入一大匙沙拉油，再加入醃漬好的豬肉絲以中火先爆香，再加入紅蔥頭、蒜頭、乾香菇、蝦米一起先爆香。

❹ 接著再加入汆燙好的米粉與所有調味料，再上蓋略煮至收湯汁。

❺ 最後再加入高麗菜、紅蘿蔔、韭菜、豆芽菜翻炒均勻即可。

台味海鮮粥

✕ 大廚美味重點：
蝦殼高湯煮粥最鮮美

　　用白米以小火慢煮成粥，會比直接用剩下的白飯煮的更香更稠，想要每一口都有濃濃海味，很簡單，蝦殼不要丟，先煸香再煮成蝦高湯後，與白米一起煮粥，整鍋都是滿滿海洋的自然鮮甜味。

材料：　　　　　　　　　　　　　　　　　　　　調味料：

A　　　　　　　　　　　　　B　　　　　　　　　冷水 2200cc
白米 1 杯　　　　薑 20 公克　　　芹菜 2 根　　　鹽巴白胡椒少許
白蝦 15 尾　　　鮮蚵 150 公克　　香菜 2 根　　　米酒 1 小匙
高麗菜 180 公克　魚片 1 片　　　　雞蛋 1 粒
蒜頭 2 瓣　　　　　　　　　　　　香油 1 小匙

做法：

❶ 首先將白米洗淨，再泡冷水約 10 分鐘，再濾乾水分備用。

❷ 將白蝦剝去蝦頭及蝦殼即為蝦仁（剝除的蝦殼全部保留不要丟）。

❸ 蝦殼放入鍋中以中火煸香（加一大匙香油），再加入所有調味料，再以中小火略煮 10 分鐘，再濾除雜質備用。

　　TIPS 蝦殼入鍋前要先洗淨，以免作出來的蝦高湯腥味太重。同樣做法也可以使用魚骨頭，依樣乾煎再熬高湯，依然是會有海鮮鮮甜味。

❹ 將高麗菜切小丁，蒜頭與薑切碎，芹菜與香菜切碎，雞蛋敲入碗裡攪拌均勻，備用。

❺ 鮮蚵洗淨，鯛魚片切小塊，蝦仁洗淨備用。

❻ 取湯鍋，加入白米、鮮蝦高湯、高麗菜、蒜頭與薑碎以中小慢慢的燉煮約 20 分鐘再關火燜 10 分鐘，然後將鮮蚵、魚片、蝦仁一起加入再開火續煮約 10 分鐘即可。

❼ 最後煮到一定稠度，再加入雞蛋攪拌均勻，放入芹菜、香菜末、香油即可。

🍴 怎麼做油蔥酥？

　　自己炸油蔥酥算是一道較為困難的料理，要注意切片要切一致，油溫控於 150～ 170 度，炸的過程中要不斷攪拌，最重要的是炸略為上色時，立刻要轉大火反酥逼油，並且要快速撈起，使用餐巾紙濾乾油質，才會酥脆。

材料：

紅蔥頭 300 公克

調味料：

豬板油 600 公克（要絞粗粒）

做法：

❶ 將紅蔥頭去皮後，切片備用。

❷ 再將豬板油放入鍋中，以最小火慢煎成豬油，要完全逼出油脂再將豬油渣去除，備用。

❸ 熱炒鍋，先加入適量做法 2 的豬板油燒熱至油溫約 150～ 170 度間時，加入紅蔥頭片略炸上色。

❹ 在紅蔥頭片炸成金黃色時要快速撈起，濾乾油脂，再使用餐巾紙吸乾多餘油質，即是酥香脆的油蔥酥。

🍴 怎麼做蒜酥？

材料：

蒜頭 200 公克

調味料：

葵花油 300cc

做法：

❶ 首先將蒜頭切成碎狀，備用。

❷ 再取一個鍋子加入葵花油，加入蒜頭碎，以中小火慢慢炸成略金黃色。

❸ 接著要馬上濾乾油質，再使用餐巾紙快速吸油，才能變酥脆香甜。

🍴 怎麼煮粥最好吃？

煮粥最好吃的不二選擇就是「生米煮粥」，最能吃出原味與營養。

❶ 煮白粥最好的比例為 1 米：8 水，以冷水瓦斯大火開始煮，滾開後再轉小火慢慢煮，過程中要不段攪拌，以免沾鍋，最後煮軟再關火燜 10 分鐘即可。

❷ 煮廣東粥加一點肉末比較香，最好的比例 1 米：9 水，以冷水瓦斯大火開始煮，滾開後轉小火持續慢慢煮，過程中不段攪拌以免沾鍋，最後煮軟至每一粒米軟爛糊化，再關火燜 10 分鐘即可。

❸ 台南虱目魚粥，比較像泡飯的口感，採用一碗白飯搭一碗魚高湯煮滾，再加入燙熟的虱目魚、鮮蚵、魚片，就可以加入米飯與魚高湯一起煮開，起鍋前加入油蔥酥、芹菜、香油即可。

台式什錦炒麵

✖ 大廚美味重點：

油麵過水，最後要燜麵最入味

　　麵條湯汁煮開，外面買的油麵一定要過滾水，才能去除鹼味與油質，吃來較沒有鹼水味也比較健康，只是油麵汆燙後撈起一定要再沖冷水，第一可以洗滌乾淨鹼味，第二可以再入鍋炒時不會太軟爛，這時一定要與爆香配料等一起燜煮一下，讓麵條吸收材料菁華，噴香入味。

材料：

油麵 200 公克　　蒜頭 2 瓣
豬肉絲 70 公克　　辣椒 1 根
高麗菜 220 公克
乾香菇 5 朵
紅蘿蔔 50 公克

醃料：

醬油少許
香油少許
鹽巴白胡椒少許
太白粉 1 小匙

調味料：

醬油膏 1 小匙
烏醋 1 小匙
香油 1 小匙
鹽巴白胡椒少許
雞高湯 350cc

做法：

❶ 首先將油麵放入滾水中快速汆燙，再沖涼濾乾水分備用。

❷ 再將豬肉絲放入醃料中，再抓醃 5 分鐘，備用。

❸ 將高麗菜切小塊，乾香菇泡軟切片，紅蘿蔔去皮切絲，蒜頭與辣椒切片備用。

❹ 取炒鍋加入一大匙沙拉油，再加入醃漬好的豬肉絲以中火先爆香，接著加入做法 3 所有材料再一起略炒香。

❺ 所有調味料加入做法 4 鍋中以中火煮開，約煮 1 分鐘出味，再加入汆燙好的油麵翻炒一下上蓋，再關火燜 2 分鐘即可。

牛肉炒麵

　相同做法，替換食材就能變化成牛肉／羊肉炒麵，甚至素炒麵，重點在好香又好吃的祕密是最後加入沙茶醬。

材料：

牛肉絲 120 公克
油麵 200 公克
鮮香菇 3 朵
紅蘿蔔絲 60 公克
蒜頭 2 瓣
辣椒 1 根
高麗菜 150 公克

醃料：

香油少許
鹽巴白胡椒少許
醬油 1 小匙
砂糖少許
太白粉少許

調味料：

鹽巴少許
白胡椒少許
沙茶醬 1 大匙

做法：

❶ 首先將牛肉絲切好，再加入醃料中醃漬約 5 分鐘，備用。

　TIPS 牛肉絲若改用火鍋肉片也很方便料理。

❷ 將油麵洗淨，再放入滾水中汆燙，再撈起洗淨備用。

❸ 鮮香菇切片，胡蘿蔔切絲，蒜頭與辣椒切片，高麗菜切絲備用。

　TIPS 配菜的蔬菜可依各人喜好替換，洋蔥、空心菜都是不錯的選擇。

❹ 炒鍋內先加入一大匙沙拉油，再加入牛肉絲以大火先爆香。

❺ 接著加入做法 3 材料與油麵，再加入所有調味料一起翻炒均勻即可。

🥄 為什麼炒麵大多用油麵？

炒麵為什麼不是用一般的陽春麵或意麵呢？在台灣牛肉（羊肉）炒麵大多是以油麵為主，因為肉類要炒一會兒才會熟，如果用一般陽春麵或雞蛋麵炒，麵條很容易就糊化，因為一般的麵條含澱粉，麵粉較重，炒的時候更要小心，使用油麵較耐煮，所以最適合。

台式涼麵

邱師傅的 涼麵醬

台式涼麵醬的靈魂就芝麻醬、花生醬和蒜泥，這三味的比例調的好，就是成功 90％啦！花生醬要挑選？花生會有黃麴毒素，所以最好是自己切或果汁機打成泥狀，或者是買市售內容有小顆粒較好口感較佳，現成即可。

材料：

蒜頭 5 瓣

調味料：

芝麻醬 2 大匙、花生醬 2 大匙、香油 2 大匙、烏醋 1 大匙、辣油 1 小匙、砂糖 1 小匙、溫水 200cc、花生碎 1 大匙、白芝麻少許

做法：

❶ 將醬汁的蒜頭磨泥，備用。

❶ 再將所有調味料一起加入容器中，再使用打蛋器均勻攪拌即可。

✂ 大廚美味重點：

麵條冷熱三溫暖最 Q 彈

　　台式涼麵的麵條大多用黃色的油麵，一般都要先汆燙過去鹼味，想要吃來 Q 彈有咬勁，就要在汆燙好後立刻冰鎮，待涼時撈起瀝乾水分，一熱一冷的三溫暖禮遇能讓麵條 Q 軟有嚼勁，再拌入適量香油既香又不會沾黏，一舉二得，食用前拌入加了蒜泥的涼麵醬最香又有勁。

材料：	醬汁材料：		裝飾物：
油麵 200 公克	蒜頭 3 瓣	烏醋 1 大匙	花生碎 1 大匙
綠豆芽 30 公克	芝麻醬 2 大匙	辣油 1 小匙	白芝麻少許
紅蘿蔔 50 公克	花生醬 2 大匙	砂糖少許	
香菜 3 根	香油 2 大匙	溫水 5 大匙	

做法：

❶ 首先將油麵放入滾水中快速汆燙，再撈起過冷水，油麵再拌一小匙香油，瀝乾備用。

❷ 將綠豆芽去頭尾，紅蘿蔔去皮切絲，這二者都放入滾水中汆燙過水備用。

❸ 將醬汁的蒜頭磨泥，再將所有調味料一起加入容器中，再使用打蛋器攪拌均勻，當作醬汁。

❹ 將處理好的油麵放入碗中，再加入汆燙好的紅蘿蔔絲、豆芽、香菜碎加入麵條上面。

❺ 再加入調製好的涼麵醬淋入，最後再加入花生碎與白芝麻裝飾即可。

TIPS 詮釋台式涼醬重點在醬汁，一定要有現磨蒜泥才最道地夠味，而且現磨才會香，放隔夜蒜泥要加油蓋過才不會氧化。

Part 3

我家廚房也能出海鮮宴客菜

大廚教你基本功：

邱主廚教你挑新鮮海味

海鮮只要尚青就好吃，無論水煮、涼拌或熱炒統統冒美鮮香，好味多汁呀！

貝殼類怎麼挑

貝殼類有很多種，都是需要使用鹽巴泡水吐沙，才可以食用，鹽巴水要加至與海水一樣鹹（鹹度 3 ％）才會讓殼類彷彿回到家，才會吐沙成功。

挑選貝殼類要以外觀完整，輕敲不會有空洞聲，不開口，聞沒有惡臭味即可買回吐沙。

黃金蜆

黃金蜆在我小時候常常去有流動的水溝及可摸到不少，現在多半是養殖出來的肥美，目前以台東、花蓮養殖較多～口感微甜，帶一點腥味。

料理方式：可以做酒香黃金蜆、塔香炒黃金蜆、三杯黃金蜆…等等。

海瓜子

海瓜子外觀略帶灰色，長約 5 公分，口感非常鮮甜，肉質也非常厚實，因為海瓜子以海水生活，所以甜度與鮮度有一定甜度。

料理方式：塔香炒海瓜子、醬燒海瓜子、白灼芥末海瓜子、海瓜子濃湯。

蛤蜊

蛤蜊也有近五種尺寸，用大粒的蛤蜊肉質就會過老，較適中的約 2 ～ 3 公分較為鮮嫩。

蛤蜊做法：醬油醃蛤蜊、薑絲蛤蜊湯、蛤蜊燉雞湯、大蛤蜊烤飯、三杯炒蛤蜊等。

鮮蚵

鮮蚵是產於台灣本土西南部沿海，也有許多進口的較為大而肥美，產地有澳洲、加拿大、美國等，大多用作生蠔。

台灣鮮蚵口感海味較重，尺寸較小粒，較適合製作：炸鮮蚵、五味鮮蚵、豆豉鮮蚵、薑絲酸菜鮮蚵湯、蚵嗲等。

進口鮮蚵（生蠔）口感有牛奶味非常香：基本上以燒烤生蠔、雞尾酒醬生蠔、沙沙醬生蠔、日式炸生蠔、白酒炒蛤蜊、蛋黃烤生蠔等。

好蝦怎麼挑

蝦不是超級活跳跳就一定新鮮,畢竟在運送過程中一定有稍微的損傷,而且海鮮早在遠洋漁船捕撈時就急速冷凍保鮮了。所以我們怎麼挑最新鮮呢?有三招:

1. 要看一蝦頭完整無損傷、沒斷頭。蝦身有光澤,蝦頭、蝦腳沒黑斑,不死灰。
2. 要聞一近聞沒有腥味,如果是活蝦也不會過分跳動。
3. 要捏一蝦身滑溜,蝦肉緊實不軟。

草蝦

草蝦盛產為為冬季居多,也較肥美,口感很 Q 彈,價格落在一斤約 350 ~ 500 元左右。適合做的料理是鳳梨蝦球、蝦片沙拉、茄汁燒大蝦、乾燒大草蝦、草蝦粉絲煲等。

白蝦

白蝦等即有近五種價錢約一斤 150 元~ 300 元不等,外形只有大小之區隔,最主要以冷凍販售為主,其口感也是非常鮮甜,也很 Q 彈又經濟實惠。

白蝦大部分為剝成蝦仁,料理可做白灼蝦、醉蝦、胡椒蝦、藥膳蝦,煮麵、炒麵都可以,南洋烤蝦、鹹酥蝦、月亮蝦餅等。

櫻花蝦

櫻花蝦是我們東港的各產魚貨,最基本也有分三種等級,建議各位購買不要買太大尾的,因為外殼會較硬無法吞嚥,盡可能買小尾一點。

烹煮方式將櫻花蝦放入乾鍋中,以小火先焙香,讓蝦殼素釋出,櫻花蝦才會酥脆。適合的料理分別為:櫻花蝦炒飯、櫻花蝦油飯、櫻花蝦炒高麗菜、櫻花蝦 XO 醬、櫻花蝦炒雙鮮等。

蝦仁

怕蝦仁腐壞、不脆、不好保存,所以在外面販售大多會泡藥水,所以建議大家可以買較小隻的白蝦自己去殼,既簡單又快速,又可以吃出健康又香甜的風味。

如果堅持買剝好現成蝦仁,建議先將蝦仁先洗淨泡冷水約 1 小時,再使用滾水先快速過水,多少可以去除藥水味,也讓蝦仁回歸原來質感。

好魚怎麼挑

台灣的漁獲大致為淡水魚與海水魚二種:

淡水魚:土虱、吳郭魚(台灣鯛)、鱒魚、草魚、金嘴鱸魚、尼羅河紅魚。

海水魚:石斑魚、黃魚、鮭魚、海鱸魚、鱈魚、虱目魚(有淡水也有海水)、鰻魚、鯖魚、鰤魚、鮪魚……等。

無論淡水魚，海水魚都需要注意幾點：

1. 要看外表，外形完整無外傷，眼睛要明亮不可混濁。
2. 要摸，外表的黏液不可以太多，而且黏液也混濁。
3. 要聞，輕輕聞一下不可以有腥臭味，而且刺鼻。
4. 要看鰓是否還是鮮紅色。
5. 要看魚鱗是否完整，沒有外傷。
6. 要看賣活魚的商家不打氧氣，就不要買。

石斑魚

石斑魚的口感非常綿密與香甜，種類也很多，其中以龍膽石斑口感超 Q，皮下組織的膠質豐厚，可説是石斑魚之王，龍虎斑則是石斑魚的班長口感不軟爛，肉質紮實也甜美。

適合料理：蔥油淋石斑、清蒸海上鮮、古法蒸石斑、五柳石斑魚等等。

鮭魚

鮭魚的來源都以進口為主，有加拿大、挪威等最主要產區，肉質最適合老人與小孩，因為非常軟，可做生魚片，新鮮度也非常棒。

鮭魚從頭到骨都是寶，可以製作煙熏鮭魚、奶油煎鮭魚、鮭魚沙拉、鮭魚粥、三杯鮭魚、烤鮭魚頭、酥炸鮭魚皮、鹽漬鮭魚、鮭魚骨味噌湯等。

鱈魚

鱈魚以遠洋進口為主，販售均以切片為主，較常見為扁鱈肉質較鬆散但鮮甜。圓鱈肉質較紮實，有咬勁滋味很甜，屬於較高級魚種。

扁鱈魚：清蒸鱈魚、豆酥鱈魚、酥炸鱈魚、茄汁鱈魚塊、樹籽蒸鱈魚等。

圓鱈：XO 醬蒸圓鱈、椒鹽圓鱈、照燒圓鱈、蔥燒圓鱈等。

虱目魚

在秋冬之際虱目魚非常肥美，往往一尾都有 2 斤重，每個部位都是好用又好吃。肉質非常細緻，也非常鮮美、鮮甜，唯一缺點就是比較多刺，但料理上有非常多做法：白滷魚頭、醬燒魚頭、乾煎魚腸、乾煎虱目魚肚、乾燒虱目魚肚、薑絲虱目魚湯、虱目魚粥等。

鱸魚

鱸魚有海水養殖、淡水養殖、半海水養殖，品種為金目鱸、七星鱸、銀花鱸、桂花鱸、加州鱸等。肉質大同小異，軟中帶紮實，適合做任何料理，例如：檸檬魚、茄汁燒魚、薑絲鱸魚湯、紅燒鱸魚、椒鹽鱸魚、糖醋鱸魚、新吉士鱸魚、酥炸鱸魚塊。

金鯧魚

金鯧魚在市場價格比較平穩，一尾 700 公克的約 500 元可購得，金鯧是有略為金色特徵，其口感綿密，肉值緊實，略有腥味。適量料理：乾煎鯧魚、五柳燒金鯧、煙熏金鯧魚、糖醋金鯧魚等。

白鯧魚口感更棒，肉質紮實、肥厚、油脂較多、肉質細膩，因外觀完整、大氣，所以多數人以拜拜、年菜、送禮為主，但價錢依需求量而起伏很大，尤其在過年前白鯧魚相當貴，價格從 800 ～ 1500 元不等甚至更高。料理就更多元，如：乾煎白鯧魚、白鯧米粉、清蒸白鯧魚等。

滑蛋蝦仁

✖ 大廚美味重點：
加太白粉水滑出漂亮蛋

　　想要滑出漂亮的嫩蛋，只用單純蛋液不容易，但如果加入一點祕密武器「太白粉水」就能簡單成功，**完美比例是 1 粒蛋液：1 小匙太白粉水**。想讓整道菜每一口都能有蝦有蛋的豐富口感，**4 粒蛋配合 220 公克的蝦仁最剛好**。

材料：

蝦仁 220 公克
雞蛋 4 粒
蒜頭 2 瓣
辣椒 1 根
青蔥 2 根

醃料：

米酒 1 小匙
太白粉 1 大匙
白胡椒粉少許

調味料：

太白粉水 1 小匙
鹽巴白胡椒少許
香油 1 小匙

做法：

❶ 首先將蝦仁使用牙籤挑除腸泥，再洗淨放入醃料中醃漬約 5 分鐘備用。

❷ 將蒜頭與辣椒都切碎狀，青蔥切蔥花備用。

❸ 再將雞蛋敲入碗公中，再加入少許蔥花與所有調味料一起攪拌均勻，備用。

❹ 取炒鍋先加入一大匙沙拉油，再加入醃漬好的蝦仁以大火雙面煎香，先取出放涼，備用。

❺ 接著鍋中再加入一大匙沙拉油，加入蒜頭與辣椒爆香，再加入做法 3 的蛋液，以中火炒至半熟，再加入做法 4 的蝦仁及剩餘蔥花一起翻炒均勻即可。

TIPS 邱主廚還有個撇步－幫蝦仁開背，然後放入滾水中略微過水定形，再做其他烹調處理，這樣會讓蝦仁看起來變大粒，請客更有面子。

翠玉炒蝦鬆

✖ 大廚美味重點：
不加油條，加泡麵更合拍對味

　　蝦鬆屬於宴客菜，口感粒粒分明再搭配油條酥酥脆脆對有層次感，但是有些人不愛吃油條，於是，邱主廚發現這個和別人不一樣的方法，就是搭配台灣人最熟悉的「泡麵」，真的完全沒有違和感，口感同樣酥酥脆脆，味道層次感豐富，加上可以捏得細小好入口，取得較方便，相當提振味蕾唷！

材料：

蝦仁 350 公克	青蔥 2 根
荸薺 4 粒	辣椒 1 根
芹菜 3 根	美生菜 1 顆
蒜頭 3 瓣	泡麵 1 包
薑 1 小段	

醃料：

香油 1 小匙
米酒 1 大匙
蛋白一粒
太白粉 1 大匙
鹽巴白胡椒少許

調味料：

辣豆瓣 1 小匙
白胡椒少許
香油 1 大匙
水 2 大匙

做法：

❶ 首先將蝦仁洗淨，去沙筋切成小丁狀，再放入醃料中醃漬約 10 分鐘備用。

❷ 將泡麵在袋中擰碎，備用（調味包取出不用）。

❸ 把芹菜去除葉子，荸薺去皮，蒜頭、辣椒、薑、青蔥都切碎，備用。

　　TIPS 買荸薺要記得到傳統市場買新鮮沒去皮的，自己去皮最新鮮。

❹ 使用剪刀將美生菜剪成像碗的圓片狀，再放入食用冰水中冰鎮一下，再濾乾水分備用。

　　TIPS 所有生菜與蔬菜只要泡過冰水 20 分鐘以上，就能讓蔬菜活回來，所有蔬菜又可以透過食用冰水洗淨更安心。

❺ 炒鍋中加入一大匙沙拉油，以中火炒香醃漬好的蝦仁丁，再依序加入做法 3 的所有食材、以中火爆香，再加入所有調味料翻炒均勻，再略勾薄芡即可。

❻ 起鍋前再加入做法 2 擰碎的泡麵碎翻炒均勻，食用前再取適量放入生菜葉上面一起吃即可。

　　TIPS 這道菜搭配生菜葉一起吃，能豐富入口的層次，軟脆鹹香好清爽，單純蝦鬆配飯也能讓你多扒二碗喔。

鳳梨蝦球

✖ 大廚美味重點：
裹地瓜粉半煎炸最健康

　　餐廳裡的蝦球都是高溫過油定形後，再大火快炒上桌，小家庭一般不愛這種做法，留了一堆炸油用不完，說倒掉又不環保，所以邱主廚教大家用半煎炸的方式，大約用 170 度，使用小鍋加入 200cc 的油，燒熱到約 180 度時放入裹粉的蝦仁，用筷子幫忙蝦仁翻面，一樣漂亮。

　　還有一點一定要記住，**蝦仁裹好地瓜粉時，一定要馬上入油鍋，不然等結糰就會影響賣相和口感。**

材料：
蝦仁 550 公克
罐頭鳳梨 1 罐
青蔥 1 根

醃料：
米酒少許
白胡椒少許
香油少許
炸粉或地瓜粉
130 公克

調味料：
白胡椒鹽巴少許
美乃滋 200 公克

做法：

❶ 草蝦仁洗淨，從背部切開去沙筋，再加入所有料料均勻醃漬（地瓜粉除外），備用。

❷ 炒鍋加入 150cc 炸油，待油溫燒熱至 180℃，將做法 1 的蝦仁倒入地瓜粉中裹勻，把蝦球放入油鍋中，再使用筷子不時翻動一下，讓蝦子每一個面都有受熱，約莫半煎炸 5 分鐘，至變色後撈起瀝油。

❸ 將調味料料全部攪拌均勻，再放入塑膠袋綁緊備用。

　　TIPS 這是用家中常備的塑膠袋自製擠花袋的概念，只要在尖角處剪一小洞就能擠出醬汁。

❹ 將鳳梨罐頭去除湯汁，再將鳳梨排入圓盤中，再放入做法 2 的蝦仁，最後再淋入調製好的美乃滋擠在上面，再灑入少許的青蔥碎即可。

　　TIPS 在鳳梨盛產的季節時，也能改用新鮮鳳梨，更健康營養。

蒜蓉蒸大蝦

• 相同做法也可以將蝦換成螃蟹，與粄條一起蒸，吸收鮮香更美味。

✄ 大廚美味重點：
如何蒸蝦不彎曲

　　明蝦、草蝦、白蝦都屬於軟骨性海鮮，只要熟化就會彎曲，要如何不讓蝦子變形呢？只要學會 3 招，無論要蒸要烤都不會變形。

1. 要讓蝦子使用菜刀對切不要段（危險可以使用剪刀）。
2. 剪開後再將沙腸剃除。
3. 再使用菜刀將蝦肉輕輕把表面化幾刀（不可以切斷）。

材料：

大草蝦 8 尾
青蔥 1 根
豆腐 1/2 盒
蒜蓉醬適量

調味料：

蒜頭 6 瓣
香菜莖 2 根
醬油 1 小匙
蠔油 1 大匙

細白糖 1 大匙
鹽適量
水 2/3 杯
香油 2 大匙

做法：

❶ 首先將草蝦去背、挑去腸泥，洗淨備用。

❷ 青蔥切蔥花，豆腐切片狀備用。

❸ 先將調味料的蒜頭、香菜莖都切碎，再加入其餘調味料攪拌均勻，即為蒜蓉醬備用。

❹ 取一個蒸盤，底部抹上少許沙拉油，再依序排入加豆腐、草蝦（每個蝦背處抹上少許蒜蓉醬），放入水已滾的蒸籠裡，以大火蒸約 10 分鐘。

　　TIPS 為什麼盤底要先抹油？要記得蒸盤底部最好抹薄薄的沙拉油，因為豆腐蒸久了受熱就會產生蛋白質，較容易沾黏，所以抹油豆腐較好取下，不會破！

❺ 起鍋前撒上切好的蔥花裝飾即可。

白灼蝦

市面上有很多種蝦，有泰國蝦頭大大，龍蝦、草蝦、斑節蝦、明蝦、白蝦等等，龍蝦我建議大家要買活的較適合，鮮度才會夠，肉質不會腐壞。

其餘的白蝦、草蝦、明蝦等等，買冷凍的最新鮮最安全，現在的技術非常棒，可以急速冷凍保鮮，再解凍即可食用，冷凍蝦新鮮度不亞於活跳跳的鮮蝦品種。

材料：	調味料：
白蝦 10 尾	米酒 1 大匙
青蔥 2 根	香油 1 大匙
薑 30 公克	鹽巴白胡椒少許

做法：

❶ 首先將白蝦剪鬚，使用牙籤挑沙筋，備用。

❷ 再將青蔥切蔥花，薑切絲備用。

❸ 煮一鍋水至滾沸時，放入處理好的白蝦汆燙約 1 分鐘即可撈起。

　　TIPS 此時蝦身應該已變紅色，就表示蝦肉熟了。

❹ 將做法 2 材料放入碗公中，再加入所有調味料攪拌均勻，接著加入剛汆燙好的白蝦攪拌均勻即可。

🥄 為什麼用草蝦，而白灼用白蝦呢？

我們客家人小時候家中罕見海鮮料理，在過年期間媽媽才會買白蝦，只要新鮮，只需汆燙不用調味，就非常鮮美。因為白蝦個頭小汆燙熟成快，入味也快，草蝦因為是白蝦的 2 ～ 3 倍大，較適合用烤、蒸、煮方式來呈現，這樣甜味與肉質才會保持至最好狀態。

豆酥鱈魚

大廚美味重點：
豆酥加白胡椒，香油炒最讚

　　不論是台灣小餐館，或是川菜粵菜都有這道豆酥鱈魚，幾乎是餐廳必點好料，其實在家做不難，就是要注油量夠豆酥才炒得香酥，而豆酥和油的比例又以 2：1 最優，炒豆酥一定不能心急，絕對只能以小火慢慢的不停的翻炒，不然很容易就燒焦，就會產苦味，功虧一簣喔。

　　還有豆酥本身有鹹味，調味時注意不要下手太重，以免過鹹。

材料：		醃料：	調味料：
鱈魚 1 片	辣椒 1/3 條	鹽巴白胡椒少許	豆酥 1/3 碗
約 450-500 公克	蒜頭 2 瓣	米酒 1 小匙	香油 1 大匙
薑 1 小段			砂糖少許
青蔥 3 根			白胡椒粉 1 小匙

做法：

❶ 首先將鱈魚洗淨，再撒入少許鹽巴白胡椒及米酒醃漬約 10 分鐘。

> **TIPS** 為什麼清蒸的魚要先醃？所有的魚都會有些許腥味，料理前稍用鹽巴白胡椒及米酒醃一下能提出海洋鮮味，熟成的魚更好吃。

❷ 再取一個蒸盤切二枝青蔥段鋪在底部，再把鱈魚放入，再放入蒸籠裡面以大火蒸約 10 分鐘，再取出備用。

> **TIPS** 蒸魚的蒸盤一定要抹少許的油才不會沾黏，或者是蒸盤底下擺上幾根青蔥再放入魚就無需抹油，不只能除腥味，更能保持完整性，一舉二得。

❸ 將薑、蒜頭、辣椒、青蔥都切碎，備用。

❹ 取炒鍋加入一大匙香油，再加入做法 3 材料以中火先爆香，再加入豆酥轉小火慢慢炒香。

❺ 最後爆香後再加入砂糖與白胡椒粉翻炒均勻，再鋪在蒸好的鱈魚上即可。

豆酥那裡買？

豆酥只要到南北貨店就會有賣，沒有使用完請放冷凍庫保存會較久些。
豆酥其實是做豆漿後過濾出來的豆渣，再加以白芝麻、香油及少許調味以最小火慢慢炒乾後而成，自己做的話一定要炒到很乾，不可以有水氣，不然很快就壞囉！

清蒸鱈魚

鱈魚肉質鮮嫩味甜，最常見的就是清蒸作法，但要蒸
的剛好不過頭，一定要注意「時間」，還有辛香料不用
一開始就全加入，最後燜入味才能保持漂亮色澤唷！

材料：

鱈魚 1 片
約 450 ～ 500 公克
青蔥 1 根
辣椒 1/3 條
香菜葉少許

調味料：

醬油 1 小匙
鹽巴白胡椒少許
米酒 1 大匙

醃料：

米酒 1 小匙
鹽巴少許

做法：

❶ 首先將鱈魚洗淨，再放醃料中醃漬約 3 分鐘，備用。

❷ 將青蔥、辣椒都切成絲狀，備用。

❸ 接著再取一個魚盤，底部抹少許沙拉油，再將鱈魚放入再加入所有調味料。

❹ 再將鱈魚放入已經水滾的中華鍋裡，以大火蒸約 10 分鐘，開蓋，加入辣椒、青蔥、
香菜後續蒸 2 分鐘即可。

🔖 用電鍋怎麼蒸魚？

如果用電鍋蒸的話，可以冷鍋直接全部放入，外鍋先放二杯水，但要記得不要蒸到電鍋開
關自動跳停，約蒸約 12 分鐘時就要自動將開關跳起，先不開蓋，續燜 3 分鐘即可。

🔖 整尾魚和魚排的清蒸方法有不同？

只要使用整尾魚去蒸大約都需要大火蒸 10 ～ 15 分鐘不等，如果魚片的時間約 8 分鐘即可，
因為魚肉易熟，蒸太久只有過老之虞。

清蒸海上鮮

TIPS

蒸好魚看到魚鰭立正站好,就是魚在說「我很新鮮」
的意思,一定好吃喔。
還有材料中的淡醬油,如果家裡有蒸魚醬油,就可以
省略再加米酒、香油、鹽巴了,只要一大匙蒸魚醬油
調味就夠了。

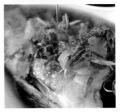

✖ 大廚美味重點：
蒸魚湯汁再利用不腥滋味美

　　清蒸首重新鮮，買海魚要冷凍有認證標章，既安全鮮度會比新鮮的好吃，然後蒸魚湯最能留住鮮魚的甜味與養分，再使用蒸魚湯當作高湯回淋入蒸好的魚身上面，又能保持魚肉本身不柴又滑嫩。

　　當然「蒸」這個動作很重要，整尾魚要蒸熟需要點時間，但不能大火直接蒸到熟，肉質會老，最好的方法是蒸到八分熟，不開蓋續燜 5 分鐘，利用鍋內的餘溫慢慢熟成，這樣才會軟嫩多汁，滋味鮮甜，一上桌立馬掃盤。

材料：		醃料：	調味料：
石斑魚 1 尾	辣椒絲 1 根	米酒 1 小匙	淡醬油 1 小匙
薑 30 公克	香菜 2 根	鹽巴白胡椒少許	米酒 1 小匙
青蔥 3 根	香油 2 大匙		香油 1 小匙
青蔥絲 2 根			鹽巴白胡椒少許

做法：

❶ 首先將石斑魚去鱗、去肚裡內臟後洗淨，放入醃料中略醃漬約 10 分鐘，備用。

❷ 取一個蒸盤底部抹少許沙拉油，再切 3 根青蔥鋪底，再放入醃漬好的鱸魚再上面，再放入蒸籠裡面蒸約 10 分鐘，再關火燜 3 分鐘。

❸ 取一些蒸魚湯汁魚鍋中，再加入所有調味料一起煮開，再回淋入蒸好的魚身上面。

❹ 最後將浸泡好辣椒絲、蔥絲、香菜都鋪在魚身上面，另燒熱 2 大匙香油回淋在放滿蔥絲的魚上即可。

　　TIPS 青蔥絲、辣椒絲、香菜在還沒使用到時，可先泡在冷水裡面會維持漂亮翠綠色澤。

蒜子燒黃魚

2

TIPS 如果全魚要煎或者是蒸，魚身都需要劃一長刀，或者是劃三刀，因為劃刀的魚較快熟化，較快入味，所以在煎的過程大家可以劃個幾刀試看看，一定漂亮又完整。

✖ 大廚美味重點：
炸魚漂亮又不油爆的訣竅

要讓整尾魚煎得漂亮又不油爆，其實不難，只是有幾點要注意：

1. 醃漬過後一定要吸乾魚身表面水分。

2. 魚的外表一定要拍上少許的乾粉，如果不拍魚皮容易破。

3. 煎魚過程中，無論是不沾鍋、鐵鍋、鑄鐵鍋，滑入魚入鍋後，要先上蓋以中火煎約 3 分鐘定形後才能翻面，千萬不可下鍋後馬上翻動，要等魚皮金黃定形才不容易破，有保護魚肉能力時才可以翻面，保證漂亮。

材料：	醃粉：	調味料：	
黃魚 1 尾	米酒 1 小匙	醬油 1 大匙	香油少許
約 800 公克	鹽巴白胡椒少許	黑醋 1 小匙	鹽巴白胡椒少許
蒜頭 15 瓣	麵粉 35 公克	砂糖 1 小匙	油炸油 150cc
辣椒 1 尾		水 300cc	
青蔥 2 根		太白粉水適量	

做法：

❶ 首先將黃魚去肚去鱗，魚身處以刀尖劃三刀，吸乾水分備用。

❷ 熱平底鍋，再加入約 150cc 油炸油，再把處理好的黃魚放入鍋中燒熱到 170 ～ 180 度的油溫中半煎炸，順道將蒜瓣一起放入炸上色，再撈起濾油備用。

❸ 把青蔥切小段，辣椒切片，備用。

❹ 再取一支炒鍋先加入少許沙拉油，加入蔥段，辣椒略爆香，再加入做法 2 的黃魚及所有調味料（太白粉水除外），以中小火燒約 5 分鐘至入味，最後以太白粉水勾薄芡即可。

> **TIPS** 最後用太白粉水勾薄芡，可使魚的醬汁完成包覆在魚身，如果介意使用太白粉，可以用玉米粉、蓮藕粉、米糊等來代替。不喜歡勾芡的話，魚身較吃不到醬汁，賣相較不閃亮。

🍴 煎魚拍的乾粉有什麼差異？

1 沾入麵粉（低、中、高不拘），使用麵粉煎魚魚身較酥脆。

2 如果沾地瓜粉較適合油炸，呈現酥脆狀，又會有變大效果。

3 如果沾太白粉可以讓肉質變的更嫩，但是比較沒有那麼酥脆感。

鯧魚芋香米粉

• 相同做法可以將鯧魚換成小卷、透抽或任何白肉魚、魚片都可以，味道依然美味。

{ 邱主廚
料理的故事 }

　　這是道老台菜，因為做法繁複，大多在請客辦桌或過年團圓菜時才會出現，而這道菜也是有故事的喔！

　　日據時代許多人談生意應酬時會去酒家喝點小酒，當然請客的人是做生意的，大都是希望端出來的菜色一定要夠派頭才有面子，所以常是海鮮、烈酒什麼都有，而且覺得喝烈酒必須要有熱湯，才比較不傷身，又為了不麻煩，就會在熱湯料理加入米粉，想要更有氣勢就再加入「貴鬆鬆」的白鯧魚，這樣好大一鍋一起端出來，既有面子又能讓大家吃飽的大器菜色就這樣流傳至今。

✖ 大廚美味重點：
魚和芋頭都好吃的技巧

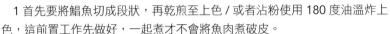

1 首先要將鯃魚切成段狀，再乾煎至上色／或者沾粉使用 180 度油溫炸上色，這前置工作先做好，一起煮才不會將魚肉煮破皮。

2 要讓芋頭一起煮不糊化，要切成大滾刀塊，再使用平底鍋少油將芋頭每一面煎上色定形。

3 香氣很重要，在煮的過程就加入一起熬煮高湯，即使有少許芋頭糊化也無所謂，這樣能讓湯頭有勾芡的濃稠感。

材料：			調味料：	醃料：
A		B	紅蔥酥 2 大匙	鹽巴白胡椒少許
鯃魚一尾	辣椒 1 根	香菜 3 根	蒜頭酥 1 大匙	米酒 1 小匙
米粉 1/2 包	雞蛋 2 粒	芹菜 3 根	沙茶醬 2 大匙	麵粉 2 大匙
芋頭 450 公克	梅花肉 100 公克	蒜苗 2 根	鹽巴白胡椒少許	
紅蔥頭 5 瓣	青蔥 2 根		香油 1 小匙	
			雞高湯 2200cc	

做法：

❶ 首先將白鯃魚洗淨，去肚去鰓，表面劃三刀，再放入醃料中醃漬約 10 分鐘，取一炒鍋加入 150cc 油炸油再放入白鯃魚，油溫控制在 190 度左右，煎成金黃色，再撈起濾油備用。

❷ 將全蛋敲入碗裡面，再攪拌均勻再使用篩網急沖入 190 度高油溫裡面，或者是以平底鍋煎成蛋皮再切絲，炸成蛋酥備用。

❸ 將裝飾物芹菜、蒜苗、香菜都切成小段狀備用。

❹ 梅花肉切片，紅蔥頭切片，辣椒切片，芋頭去皮切小丁，備用。

❺ 米粉洗淨，泡冷水約 10 分鐘，再濾乾水分備用。

❻ 取一個湯鍋再加入 1 大匙沙拉油，再加入做法 4 材料先以中火先爆香。

❼ 接著加入所有調味料煮開轉小火，再加入炸好的鯃魚煮約 20 分鐘。

❽ 20 分鐘後再加入裝飾物材料續煮 5 分鐘，最後再加入蛋酥裝飾即可。

芋頭米粉湯

材料：

大甲芋頭 1 條　　　紅蘿蔔 1/3 條
豬大骨 2 根　　　　高麗菜 1/4 顆
豬肉絲 150 公克　　芹菜 5 根
乾粗米粉 1 包　　　紅蔥頭 10 瓣
乾香菇 12 朵　　　紅蔥酥 1 大匙
蝦米 10 公克

醃料：

醬油少許
香油少許
砂糖少許
米酒 1 小匙
太白粉 1 小匙

調味料：

開水 2200cc
醬油 1 大匙
鹽巴白胡椒少許
香油 1 大匙

做法：

❶ 首先將大骨頭洗淨，再放入滾水中汆燙過水，備用。

❷ 再將芋頭去皮切小丁，乾米粉洗淨泡冷水約 30 分鐘，備用。

❸ 將豬肉絲切好，再放入醃料中醃漬約 5 分鐘，備用。

❹ 乾香菇泡軟切片，蝦米洗淨泡軟，高麗菜切小塊，紅蘿蔔切絲，紅蔥頭切片，芹菜切小段備用。

❺ 取一個湯鍋，先加入一大匙沙拉油，再加入醃漬好的豬肉絲與紅蔥頭以大火先爆香，接著再加入所有調味料與芋頭，大骨頭一起熬煮約 30 分鐘。

❻ 煮 30 分鐘後再加入做法 4 材料依序加入，再加入泡好的米粉一起續煮 10 分鐘即可。

糖醋燒全魚

• 糖醋魚所使用的魚可以替換成鱸魚、
鯛魚片、鯊魚、鮪魚、鱒魚等，只
要整尾魚，大塊魚都非常適合。

✕ 大廚美味重點：
魚身對剖或多劃幾刀入味更快速

　　整尾魚就魚腹處最厚，想要快速熟成肉質不老，最好的方法就是將魚身從腹部對剖，整個平面下去如果成品要漂亮，所有醬汁作好回淋入魚身最美麗。

材料：

石斑魚 1 尾
洋蔥 1/3 顆
青椒 1/2 顆
紅椒 1/2 顆
黃椒 1/2 顆
蒜頭 2 瓣
辣椒 1 條
香菜 2 株（切碎）

醃料：

米酒 1 大匙
鹽巴白胡椒少許

炸粉：

地瓜粉 5 大匙

調味料：

白醋 50cc
砂糖 4 大匙
番茄醬 4 大匙
米酒 1 小匙
水少許
太白粉水少許
鹽巴白胡椒少許
炸油 300cc

做法：

❶ 首先將石斑魚去鱗去肚後，放入醃料中醃約 10 分鐘。

❷ 取一炒鍋再加入 300cc 的炸油燒熱，將做法 1 的魚輕拍少許地瓜粉，再輕輕放入約 180 度油溫的平底鍋中，以中火用半煎炸方式讓魚定形，起鍋備用。

❸ 將洋蔥、紅椒、黃椒都切成菱形，蒜頭與辣椒切片備用。

❹ 熱炒鍋先加入一大匙沙拉油，再加入蒜頭與辣椒略爆香，再加入所有調味料與炸好的鱸魚，再使用中火會煮一下。

❺ 接著再加入紅甜椒，黃甜椒會煮一下，再勾薄芡再加入香菜碎裝飾即可。

紅燒鱸魚

材料：

鱸魚 1 尾
約 700 公克
薑 10 公克
青蔥 2 根
蒜頭 3 瓣
紅辣椒適量

調味料：

番茄醬 2 大匙
醬油 1 小匙
砂糖 1 小匙
米酒 1 小匙

白胡椒粉少許
太白粉少許
油 300cc

醃料：

米酒 1 小匙
鹽巴白胡椒少許
太白粉 2 大匙

做法：

❶ 首先將鱸魚去肚去鱗，背部再劃 3 刀，再放入醃料中醃漬約 5 分鐘（太白粉除外）備用。

❷ 將青蔥切小段，薑切片，辣椒切片備用。

❸ 炒鍋中加入 300cc 的炸油，燒熱，將醃漬好的鱸魚輕拍裹上地瓜粉後，放入約 180 度油平底鍋中以半煎炸成外表金黃色時，起鍋瀝油備用。

❹ 取炒鍋，加入一大匙沙拉油，加入做法 2 材料以中火爆香，再加入所有調味料以中火煮開。

❺ 最後滑入做 3 的鱸魚，上蓋以中小火燴煮約 3 分鐘入味即可。

邱師傅的 糖醋醬

製作糖醋醬可以放入冷藏存約 2 星期，糖醋醬除了可以燒魚外，用在涼拌花枝、糖醋排骨、糖醋雞塊等、都非常適合。

材料：

水 5 大匙
薑 10 克
糖 1.5 大匙

白醋 1.5 大匙
番茄醬 1.5 大匙

做法：

❶ 首先將薑切碎。

❷ 取一個容器再加入薑末及所有調味料一起攪拌均勻即可。

塔香炒蛤蜊

• 相同做法也適用於其他貝殼類，如：海瓜子，先汆燙再炒醬最美味。

延伸料理 塔香炒花枝

材料：

花枝 400 公克、蒜頭 2 辦、辣椒 1 根、青蔥 2 根、九層塔 2 根

調味料：

蠔油 1 小匙、醬油少許、砂糖少許、香油 1 小匙、太白粉水適量

花枝的肉較為肥厚，所以刻花後再切成條狀，較容易吸附醬汁，也會讓大家吃的口感更為厚實。

做法：

❶ 首先將花枝洗淨，再刻交叉花刀切片，再放入滾水中過水備用。

❷ 將蒜頭與辣椒切片，青蔥切段，九層塔洗淨備用。

❸ 熱炒鍋，加入一大匙沙拉油，再加入做法 2 材料以大火快炒。

❹ 再加入汆燙好的花枝，再加入所有調味料一起翻炒均勻，調味即可。

TIPS 因為是海鮮料理，所以用蠔油可以更提出鮮香鹹滋味，和微甜的醬油膏不一樣。

✖ 大廚美味重點：
汆燙微開再炒最入味

從來沒人說蛤蜊下鍋前要先汆燙，邱主廚打破一般人以為開口再炒就沒鮮甜味的老觀念，其實蛤蜊滾水汆燙微開，再入鍋炒香，和直接入鍋炒要等每一粒都開口，可能因熱度不均勻所以開口時間不一，有時第一個和最後的開口拉太長，前面的蛤蜊肉都老囉，所以先汆燙再下鍋，能節省炒的時間，還能快速入味，蛤蜊肉肥美味不減，肉不老。

材料：

蛤蜊 400 公克　　　辣椒 1/2 條
蒜頭 2 瓣
青蔥 1 根
九層塔 1 小把

調味料：

醬油膏 1 大匙
太白粉水少許
鹽巴白胡椒少許
香油 1 小匙

做法：

❶ 首先將蛤蜊放入冷水中，再加入一大匙鹽巴，浸置 1～2 小時吐沙，再洗淨備用。

❷ 將蒜頭與辣椒切片，青蔥切小段，九層塔洗淨，備用。

❸ 煮一鍋熱水，再將吐沙好的蛤蜊放入滾水中汆燙，馬上撈起濾水備用。

❹ 熱炒鍋加入一大匙沙拉油，再加入蒜頭、辣椒、青蔥，以中火先爆香。

❺ 再加入所有調味料，汆燙好的蛤蜊和九層塔一起翻炒均勻勾薄芡即可。

海鮮粉絲煲

✕ 大廚美味重點：
邱主廚的獨門祕方加入麻辣醬

　　很多粉絲煲為了要入味將料理做的又油又鹹，粉絲煲要做的好吃其實不難，邱主廚認就是要有微辣香氣，又不過油過鹹還能是下飯好菜，所以加入麻辣醬，幫助冬粉快速入味。還有一點一定要記住，加入冬粉一定要快速吃完，要不然冬粉很會吸湯汁唷。

　　如果在家裡沒有麻辣醬，可以使用辣豆瓣醬，再加入 1 大匙辣油，大紅袍花椒 1 小匙一起爆香，就可當作基礎麻辣醬囉！

材料：

草蝦 6 尾　　　　洋蔥 1/2 顆
冬粉 2 綑　　　　蒜頭 3 瓣
透抽 1 尾　　　　辣椒 1/2 條
金鯧魚 1/2 尾　　青蔥 1 根
豬絞肉 120 公克

調味料：

醬油膏 2 大匙　　　大骨高湯 1500cc
糖 1 小匙　　　　　太白粉水少許
鹽巴白胡椒少許
香油 1 小匙
麻辣醬 1 小匙

做法：

❶ 首先將草蝦剪去鬚，再開背去蝦腸，去頭洗淨備用。

　　TIPS 為什麼要剪去鬚？為了提升一道菜的價值觀，與食用者的方便美觀性，我們會將蝦的鬍鬚都剪整齊，在賣相與食用時都較為方便。

❷ 將蝦頭放入乾鍋中，以中火煎上色，再加入冷開水，以中火煮約 15 分鐘備用。

❸ 透抽去肚洗淨切成小圈，鯧魚切小塊，備用。

❹ 將冬粉泡入冷水中約 15 分鐘，再撈起使用剪刀稍微剪短再瀝乾水分，備用。

❺ 將蒜頭、辣椒都切成片狀備用，將青蔥都切成小段狀，洋蔥切絲備用。

❻ 取一個砂鍋或不沾鍋，再與做法 3 的材料與絞肉火炒至熟化，再加入草蝦身體一起炒香。

❼ 接著再加入所有的調味料與泡水的冬粉，再以中火續煮約 5 分鐘，最後放入調味料，再略勾薄芡即可起鍋。

熱炒三鮮

✕ 大廚美味重點：
汆燙再切花刀不老又入味

　　花枝、透抽、軟絲等都是要切花刀的軟骨性海鮮，都是以剖開內側處理的食材，翻開內側後，再使用菜刀拿斜 45 度角輕輕的劃一刀，每一刀的間隔約 0.1～0.2 公分最是恰當，切到最後再轉向依樣照順序切下去，這樣就會呈現交叉狀，再切成小圈狀，這樣最能幫助快熟入味，不用久炒不怕老。

　　海鮮要汆燙過，經熱水定形再入鍋炒才會漂亮，海鮮正確的汆燙方式為：滾水放入鍋中，再次水滾開來即可撈起熟化剛好，如果水煮開煮超過 3 分鐘一定會過老。

材料：

白蝦 10 尾	洋蔥 1/2 粒
透抽 1 尾	蒜頭 3 瓣
發泡魷魚 1/2 尾	辣椒 1 根
薑 1 小段	綠花椰菜 50 公克
紅甜椒 1/2 顆	

調味料：

番茄醬 2 大匙	太白粉水少許
水 5 大匙	米酒 1 大匙
鹽巴白胡椒少許	蠔油 1 小匙
砂糖 1 小匙	醬油少許
香油 1 小匙	烏醋 1 小匙

做法：

❶ 首先將白蝦開背去沙腸。

❷ 透抽去頭去肚身體再從中間對剖成一大片，先切花刀後，再切成小片狀。發泡魷魚去頭也先切花刀，再切成小片狀，備用。

❸ 再將紅甜椒切小片狀，洋蔥切片，蒜頭與辣椒切片備用。

❹ 將綠花椰菜切小朵後汆燙，再撈起過水備用。

❺ 準備一鍋滾水，再加入做法 2 的透抽，白蝦、魷魚一起汆燙約 1 分鐘即可撈起，備用。

　　TIPS 汆燙不宜過久，以免口感太老。用意在定形及去腥味。

❻ 熱炒鍋，先加入一大匙沙拉油，再加入蒜頭與辣椒，洋蔥以中火先爆香，再加入汆燙好的海鮮與紅甜椒一起加入爆香。

❼ 最後再加入所有調味料，一起翻炒均勻，綠花椰菜圍邊裝飾即可。

蒜蓉鮮蚵

✕ 大廚美味重點：
蚵鮮裹粉要馬上入鍋，水不可以大滾

　　汆燙鮮蚵何時下鍋是關鍵，特別要注意的因為鮮蚵裹粉後一定會反潮，如果沒有馬上炸或汆燙肯定會讓鮮蚵黏成一整團，所以一定先煮水，等水微微冒小泡時就下鍋汆燙，再轉中火煮約 2 分鐘最漂亮，不脫漿。千萬不可以大滾，在大滾沸時下鮮蚵，肉質很容易就老掉了。

材料：

鮮蚵 300 公克
青蔥 2 根
九層塔葉 3 根

調味料 A：

地瓜粉 150 公克

調味料 B：

香油 1 大匙
鹽巴白胡椒少許
蒜頭碎 2 粒
薑碎 10 公克
辣椒碎 1 根
蔥花 2 根

醬油膏 1 大匙
醬油少許
鹽巴白胡椒少許
砂糖 1 小匙

做法：

❶ 首先將鮮蚵要洗淨，去除鮮蚵的細殼，再完全濾乾水分備用。

❷ 取一個湯鍋水加至七分滿，再將青蔥切段放入湯中，再以大火煮開，再轉中小火慢滾備用。

❸ 將調味料 2 的所有材料一起加入容器中，再使用打蛋器攪拌均勻，作為醬汁。

❹ 鮮蚵濾乾後再攤開，再撒入地瓜粉，一定要均勻地裹上不可以壓，再將鮮蚵表面多餘的粉抖一抖，接著再加入煮開的滾水中，水不可以大滾，汆燙約 1.5 分鐘即可撈起濾水。

❺ 最後將鮮蚵放入盤上，再將製作好的醬汁淋入鮮蚵上面，九層塔裝飾即可。

🥄 為什麼很多料理用了醬油，還要再用醬油膏呢？

普通醬油都是偏鹹，而且較稀釋，再炒菜加了醬油是以取代部分鹽巴。
醬油膏為什麼要一起加呢？因為有些菜色需要有黏稠，與沾醬效果，如果不勾芡料理，多半會使用醬油膏居多。

邱師傅的 蒜蓉醬

蒜蓉醬很好用，還能運用在佐食燙花枝、燙魚片、白灼蝦、蒸龍蝦、蒸螃蟹、蒸粉條、白切肉等，所以一次可以多做一點，分包裝放冷凍；每包分裝約 100 公克放冷凍，要使用時可以打微波 1 分鐘，或隔水加熱即可馬上食用。

材料：

大蒜頭 10 瓣
香菜莖 3 根

調味料：

醬油 1 大匙
蠔油 1 大匙
細白糖 1 大匙
鹽適量
水 2/3 杯
太白粉水適量

做法：

❶ 首先將蒜頭切碎，香菜莖切碎，備用。

❷ 取炒鍋先加入少許沙拉油再加入蒜頭碎以中火略爆香。

❸ 接著再加入所有調味料煮一下，再勾薄芡，最後再灑入香菜末即可。

蚵仔酥

台灣沿海的鮮蚵非常有名,但是近年來都有海域汙染的疑慮,所以較不建議大家比照國外人士吃生的鮮蚵。目前海產店,餐廳都會有一道酥炸鮮蚵、塔香酥炸鮮蚵,鮮蚵裹上地瓜粉後,再以 180 度油溫炸成酥脆狀,最後再加入幾根新鮮九層塔,最對味!搭配啤酒,非常下飯,大人小孩都喜歡。

材料:
鮮蚵 250 公克
九層塔 3 小株

炸粉:
米酒 1 小匙
鹽巴白胡椒少許
地瓜粉 150 公克

調物料:
白胡椒 1 大匙
鹽巴少許

做法:

❶ 首先將鮮蚵洗淨,去除蚵殼,濾乾水分。

❷ 再將鮮蚵放入炸粉中,要均勻每一粒裹上地瓜粉。

❸ 接著再將鮮蚵放入約 180 炒鍋中以淺油半煎炸的方式炸成酥脆狀,再濾油備用。

❹ 接著再加入九層塔過油一下即可。

❺ 取鍋前再撒上椒鹽粉即可。

Part 4

山鮮滋味請客好有面子

🔪 大廚教你基本功：

肉類切法有學問

雞豬牛羊各種肉品，下刀時得順紋切？逆紋切？都會影響到口感，
差異在那，邱主廚為您細細説明。

牛

雪花牛

在牛上面的名詞是指油花分布均勻，多數以短時間燒烤、鐵板燒，雪花牛油花多，所以無論
是逆文切、順紋切比較不會影響太多。而牛五花和雪花牛很像，但不太一樣的部位，牛五花
在腹部，油花分布很多，要以逆文切才會口感滑嫩。

牛腱

台灣最傳統滷牛肉最愛的部位，是牛的腳去骨後的肉，運動量足夠，油花、筋分布均勻，滷
牛腱時建議整個下去滷比較好，將牛腱滷 1.5 小時後一定要放涼再切，較能鎖住香甜肉汁，切
時候一定要逆文切才會完整，順紋切會讓牛腱表面也粗糙感，不美觀又不好咀嚼。

牛小排

聽名字讓大家覺得就是一種好貨的感覺，基本上油花分布均勻，也有帶骨，較少會將牛小排
去骨切絲，大多是以整片整片烤或煎為主。

牛肋條

就是俗稱的牛腩，是牛的胸腔左右各 13 根牛肋骨，肋骨間的肉即是牛肋條，通常料理多以切
塊下去燉，牛肋條的筋與膜都很多，但油脂含量很多，就算久燉也不會過老。

牛菲力

是沒有運動組織非常密集的（Tenderloin）肋眼里脊，一頭牛只有 4 ～ 5 公斤，肉質鮮嫩多汁
又不硬不老，就是價格昂貴，所以極少人會將牛菲力切絲炒菜，大多數以燒烤做牛排為主。

Taiwan Kitchen

豬

里肌肉

里肌肉的組織較為細緻,較沒有逆紋與順紋差異,只是里肌肉的外膜(筋)一定要去除,烹調後才不會肉質熟化變形,口感才不會太硬過老。最常見的就是以各種豬排面貌在餐桌上出現,下鍋前一定要斷筋,最後將里肌肉拍扁,再略醃漬太白粉才會滑嫩。

五花肉

俗稱的三層肉,在一條豬裡面五花肉分布的面積是最大的,也是最多人喜歡使用的部位,最好以逆紋切方式處理,口感較軟且不柴,順紋切在肉質加熱後會捲曲,口感較乾,形體不漂亮。切割的方法有二種,一種是先加入熱水略煮 2 分鐘,讓肉表皮硬化再洗淨,這樣最好切條、切塊;另一種先放入冷凍庫冰鎮外表硬化,再下刀切片、切絲最好切。

在料理上通常五花肉都會切片或切絲,與青菜、香菇、豆乾及蔥蒜等下鍋炒,當作增加油脂的配菜,或是直接當作主材料,噴香燉滷。

梅花肉

肉質比五花肉瘦一點,較紮實,因油脂不多,所以建議採用逆紋切,唯有逆紋切才能讓炒好的肉質不變形,保水度才夠,不會太老。如果順紋切會讓肉質較為硬化,湯汁也會流失較快。

松阪豬

俗稱六兩肉,或松阪豬,因為一隻豬身上只有六兩而已,價錢會落在一斤約 250 元以上,有一種叫做假松阪(二層肉)就是在五花肉的口感可以與松阪牛肉來比較,松阪豬分布在豬的臉頰二邊,也因上下顎運動,咀嚼頻繁,所以松阪豬在臉頰邊,油質分布超級均勻,切法要以逆紋切才會有脆度,而且不會捲曲。

小排骨

又稱五花小排肉質肥厚,切法只能使用剁骨刀用力剁開,沒有順逆紋的問題,但在切割部分,因為骨頭太大太硬,建議麻煩賣豬肉的商家切好,最安全。

肋排

又稱里肌小排,肉質厚,油脂成分高,料理較為整隻居多,沒有順逆紋的問題,切割部分,因為骨頭太大太硬,建議麻煩賣豬肉的商家切好,最安全。

雞

雞胸肉

長度約莫 15 公分，切法為逆文切最正確，逆紋就是雞胸肉的寬面下刀為逆紋，較長的面下刀為順紋，順紋料理肉質一定乾柴，逆紋切肉質較嫩也會較易入口。

一隻雞有二片雞胸肉，二條雞柳條，雞胸肉還沒取之前叫雞架子，骨頭呈現 Y 字型，只要使用菜刀輕輕沿著 Y 字型骨頭下去即可將二片雞胸肉取下，非常簡單。雞柳條會依附在雞胸肉上面，只要輕輕掰開即可。

適用料理：雞肉串、宮保雞丁、雞絲飯、藍帶雞排、雞肉三明治、雞肉丸子、醬燒雞。

棒棒腿

棒棒腿市面上是指飼料雞的大雞腿，如果要做腿排，必須去骨，取骨的方法不難，只要輕輕沿著骨頭劃一下，即可將骨頭拔除。棒棒腿也是要逆紋切，如果順紋切肉質加熱一定會捲曲，不美肉質也會變柴。

適用料理：滷雞腿、烤雞腿、咖哩雞腿、紅糟烤棒棒腿。

雞腿

俗稱仿土雞腿或飼料雞腿，有分腿排和大雞腿二種，腿排就是大雞腿切二節，一半是大雞腿，一半是雞腿排。要如何去骨呢？大雞腿呈現微 7 字型，要使用菜刀輕輕劃開雞腿內側骨頭肉，再使用小刀將骨頭去除，遇到中間的關節可以切開軟骨會較好取出。大雞腿帶骨大多數以切塊，去骨的則切丁為主，因肉質紮實比較沒有順與逆紋之差異。

雞翅

雞翅市面上有賣二節翅及三節翅（包括翅小腿）二種，但是如果要去骨就要切開二部分，一是翅小腿，二是二節翅，都要以小刀慢慢將一頭輕輕順延著骨頭畫開，慢慢推開，骨頭內側有內骨膜一定要刮除才能讓肉往前推，刮到底即可取出骨頭，而外皮也不會刮破。

雞翅料理基本上不會有逆紋與順紋之差異，大多數整隻或切塊為主。

{ 邱主廚教你

挑好雞、做好菜 }

土雞

真正土雞不常見，需要大空間放養，讓雞能運動，所以吃來口感較 Q 有嚼勁且脂肪量較少，重量落在 3.5 ～ 5 台斤。公的土雞較重母雞較輕，母雞的肉質較軟適合料理冷盤、快炒，公雞的肉質較紮實，適合燉湯及久燉。

土雞料理：藥膳麻油雞、麻油雞酒、客家土雞切盤、冬菇燉土雞、醬燒土雞。

仿土雞

仿土雞是菜市場最常見的的雞種，一般重量落在 2.5 ～ 5 台斤，有時候仿土雞腿單隻就有 800 ～ 1000 公克，肉質非常好吃，公的肉質較紮實，較適合燉湯，母的肉質嫩，適合快炒及燉煮。

仿土雞料理：醉雞、三杯雞、花雕雞、烤雞、人蔘燉雞湯、白斬雞、口水雞。

肉雞

肉雞就是俗稱的飼料雞，在台灣的占有率非常高，現在政府推廣電宰系統，處理非常衛生安全，價錢親民實在，適合所有料理，不分公母都好吃。

肉雞因為人工飼養，個頭不大，且缺乏運動，所以肉質較軟，甚至雞胸肉也不柴，只要用對方法都好吃。

適用料理：各種熱炒雞丁或土窯雞、椒麻雞、照燒雞、瓜仔雞湯、苦瓜雞湯、烤雞肉串。

烏骨雞

烏骨雞的皮和骨都烏黑，雖然外形不好看，但自古都是燉補好食材，以中醫來說烏骨雞在中國料理圖鑑是藥用大英雄。一般重量落在於 2.5 ～ 3.5 台斤，多用以藥膳為主，最好是未下蛋的烏骨雞聽說最好，公母均可。

適用料理：何首烏燉烏骨雞、鮑魚紅棗燉烏雞、白灼烏骨雞、豬腳燉烏骨雞。

白斬雞腿佐好吃醬

✗ 大廚美味重點：
鮮嫩多汁白斬雞技法

好吃的白斬雞從挑食材開始，最適合的重量為 2.5 ～ 3.5 台斤仿土雞，煮雞一定要從冷水時放入所有材料，先以大火加熱，只要一滾開就轉極小火慢煮最正確，為什麼水不可一直滾開呢？因為水若持續大滾，因水在鍋中大力流動有可能讓雞皮破掉，還有容易因溫度太高，出現外熟內生或是整個過熟影響口感的狀況，所以心急不好，一定要用極小的文火，耐心等待美食出鍋時機。

現在小家庭多，全雞可能一次吃不完，相同做法只用大雞腿也能美味上桌。

TIPS 不能直接煮到全熟，肉質會老化讓口感變乾，大約煮到八九分熟時，關火以餘溫慢慢燜熟最好吃。

材料：

大雞腿 1 隻
約 500 ～ 600 公克
青蔥 2 枝
薑 20 公克

調味料：

鹽巴 1 小匙
水 800cc
米酒 1 大匙

做法：

❶ 大雞腿洗淨，如果表面還有沒拔乾淨的小毛請刮除，備用。

❷ 將青蔥切大段，薑切片，備用。

❸ 取湯鍋，將青蔥段、薑片及雞腿與所有調味料一起加入湯鍋中。

❹ 接著上蓋，先以大火滾開後，馬上改最小火煮約 10 分鐘，再關火燜 10 分鐘。

❺ 再撈起放涼，食用時佐以喜歡的好吃沾醬即可。

　　TIPS 待涼後的雞腿才可以切得漂亮。
　　　　　沾醬可以用蒜香蔥油醬、蔥油醬或是客家的桔醬都是很棒的選擇。

🍴 水煮時間會影響多少？

簡單說一隻雞的重量 2 台斤全雞放入鍋中，水蓋過雞的主食材約 8 ～ 10 公分，上蓋以大火煮開，滾開始計算 13 分鐘，同時要將火關至最小，有熱狀態溫度約 95-98 度左右，13分鐘一到要關火燜 20 分鐘保證熟化，外皮也完整，要讓雞的肉質好，可以燜好後的雞取出泡冰水，肉質一定會變 Q 彈。如果時間不夠很可能雞的大腿不夠熟，煮太久外皮易破，肉質的甜分容易流失，肉質也會變得非常柴，不好吃。

蔥油雞

　　同樣的白斬雞也能有好多不同的吃法，簡單做個鹹香蔥油醬就是一道美味蔥油雞。

材料：

白斬雞腿 1 隻
青蔥 2 枝
薑 20 公克
蒜頭 2 瓣

調味料：

米酒 1 大匙
香油 2 大匙
鹽巴白胡椒少許
砂糖少許

醬油少許

做法：

❶ 首先將青蔥、薑、蒜頭都切碎。

❷ 取一個炒鍋先加入一小匙沙拉油，再加入做法一材料，以中火略爆香。

❸ 再加入所有調味料，以中火略煮一分鐘取出放涼即為鹹香蔥油醬。

❹ 將適量鹹香蔥油醬淋在剁好的白斬雞腿上即可。

邱師傅的 香蔥油醬

材料：

青蔥、薑、蒜

做法：

❶ 將青蔥，蒜頭，薑都切成碎狀。

❷ 再將所有調味料與做法 1 一起攪拌均勻即可。

蔥辣腐乳雞

• 如果喜歡辣味，可以選擇辣味豆腐乳。

✖ 大廚美味重點：
雞胸肉拍地瓜粉最酥脆

　　雞腿肉雖然好吃，但做成腐乳雞，經過高溫炸只會讓雞腿變的彈性過高口感會過於紮實，太有咬勁，所以選擇雞胸肉，經過醃漬、裹粉後再炸熟，沒有骨頭，雞肉汁又保留，口感滑嫩。

　　裹粉的粉很重要，一定要用地瓜粉才會香酥脆，若單用太白粉口感過於軟黏，若用麵包粉則會像日式炸豬排一樣酥硬。

材料：	醃料：		炸粉：
雞胸肉 1 片 （約 250 公克） 青蔥 2 根 辣椒 1 根	豆腐乳 2 塊 薑 2 片 蒜頭 2 瓣 砂糖 1 小匙	米酒 1 大匙 香油 1 小匙 冷水 2 大匙	地瓜粉 50 公克

做法：

❶ 首先將雞胸肉切成小塊狀，再放入醃料中抓醃，過程中不斷的輕拍雞胸肉塊約 5 分鐘，讓所有的醬汁水分打入雞肉裡面，再靜置 10 分鐘備用。

　　TIPS 「打水」動作千萬不能少，能讓炸後的雞肉咬入口時還能很多汁的重要步驟。

❷ 青蔥切蔥花、辣椒切碎，備用。

❸ 將醃漬好的雞胸肉在下鍋前裹上地瓜粉，放入已燒熱約 170 度的淺油鍋中，以半煎炸成金黃色（還是要依切的大小塊來決定煎炸時間，通常約 7 ～ 10 分鐘），再撈起濾油備用。

❹ 另取一支炒鍋先加入少許油，爆香辣椒與蔥花，再加入做法 3 的雞塊翻炒均勻即可。

　　TIPS 在半煎炸的過程中溫度一定要控制於 170 度左右（就是放入蔥段測試時有微小泡泡出現，就是溫度到了），若太低會讓雞肉含油過高，太高則是雞肉內部不夠熟，外表就已經焦了，過程中還要不斷的將雞肉輕輕翻面，確定每一面都受熱均勻，雞肉甚至炸上色過後先撈起，轉中大火讓油溫升高到 190 度，再回炸 5 秒搶酥更好。

花雕雞

✖ 大廚美味重點：
用花雕酒滋味最香

　　顧名思義就是要使用「花雕酒」，不加水，採用全酒去燒煮，雞肉香氣最足，肉質更 Q 彈入味，經過燒煮後酒精程度就剩極少量了，適合全家食用，如果使用半酒水烹調，道地的味道就會稀釋淡化。

　　當然如果花雕酒不好取得，也可以用紹興酒等其他黃酒類取代，只是口味與香氣會稍差一些。

材料：

仿土雞腿 1 隻	乾辣椒 10 公克
（約 1000 公克）	辣椒 2 根
洋蔥 1 粒	芹菜 2 根
蒜頭 6 瓣	蒜苗 1 根
薑 20 公克	

調味料：

麻油 1 大匙
辣豆瓣 1 小匙
醬油 1 小匙
花雕酒 250cc
砂糖 1 小匙

做法：

❶ 首先將仿土雞腿切成小塊狀，再洗淨備用。

　　TIPS 雞要帶骨頭，與醬汁一起燒口感比較好，因為必須要燒 10 分鐘以上，
　　　　　若去骨後去燒煮，肉質會因沒有帶骨用酒燒煮會讓肉變硬且肉塊會萎
　　　　　縮。

❷ 洋蔥切小塊狀，蒜頭對切，薑切片，辣椒切小塊，芹菜切小段，蒜苗切片，備用。

❸ 炒鍋內加入一大匙麻油，再加入雞肉以中火先爆香，接著再加入做法 2 的洋蔥切小塊狀、蒜頭、薑、辣椒以中火續爆香。

❹ 再加入所有調味料翻炒均勻，上蓋以中火煮至湯汁收至 1/3 時，加入蒜苗與芹菜翻炒均勻即可。

燒酒雞

　同樣是用「酒」燒煮的雞肉料理，只是換了酒，食材換成中藥材立馬就是冬日進補聖品。

材料：

全雞（半隻切塊）
（約 1500 公克）
老薑 30 公克

調味料：

燒酒雞藥材（當歸、枸杞、川芎、黨蔘、甘草、紅棗約 10 粒）
鹽巴少許
米酒 1.5 瓶
麻油 1 大匙

做法：

❶ 將全雞切成小塊狀，再洗淨備用。

❷ 老薑切片，枸杞與紅棗泡水，備用。

❸ 鍋中先加入一大匙麻油，以老薑略爆香，再加入雞肉塊以中火將每一面都煎上色。

❹ 再加入所有調味料以中小火燉煮約 20 分鐘，最後加入枸杞紅棗續煮 2 分鐘即可。

🥄 酒香料理變化多

酒款	適用料理	為什麼？
米酒	麻油雞、燒酒雞、三杯雞	依中醫處方最佳效果，因為純米燒酒煮雞湯可以帶出濃郁的雞湯香。
黃酒（紹興、黃雕、女兒紅）	花雕雞、醉雞	發酵酒味道較香，適合燒的料理，而且讓雞肉透過浸泡，更可燴煮軟化肉質。
米酒＋黃酒	黃酒雞、客家黃酒燒雞	黃酒的香氣較濃郁，在中國的料理較常見，久燒之後味道融入雞肉當中。
紅酒	紅酒燒雞腿、紅酒燉牛腩	紅酒為西式用酒，在西式料理較為普及，可去手腳冰冷，補血。料理時紅酒要燒 15 分鐘以上，做好的料理帶有非常濃郁的葡萄酒香，略帶微甜香。

藥膳醉雞

✖大廚美味重點：
刀尖劃幾刀，用鋁箔紙簡單捲

醉雞最需要漂亮的外形，為了怕不好捲，建議先用刀尖在雞腿肉上劃幾刀，有直有橫讓肉質不那麼硬挺，才利用鋁箔紙慢慢捲起，如果怕鋁箔紙在過程中扯破，先捲一層耐熱保鮮膜（可以保持雞湯不流失），外面再捲一層鋁箔紙，可以定形與加熱。

當然使用保鮮膜最怕沒有真的很耐熱，經加熱過程時會溶出塑化劑，所以本食譜是直接放棄。

材料：	調味料：	
去骨雞腿排 2 片	枸杞 1 大匙	紹興酒 300cc
鋁箔紙 1 大張	紅棗 8 粒	蔘鬚 5 根
	當歸 1 片	雞高湯 300cc
	甘草 2 片	鹽巴少許

做法：

❶ 首先將去骨雞腿排使用菜刀輕輕劃幾刀，再洗淨抹上少許鹽巴醃漬一下。

   TIPS 選擇飼料雞 / 仿土雞均可。

❶ 取出鋁箔紙，再放入雞腿排慢慢捲起來，再將鋁箔紙捲起來成圓柱狀，再將頭尾捲緊，備用。

❶ 將捲好的雞腿排，放入電鍋中蒸約 20 分鐘，再關火燜 10 分鐘。

❶ 蒸好後馬上再將雞腿捲取出泡入冰水裡面，讓雞腿完成冷卻，再解開鋁箔紙倒出湯汁備用。

   TIPS 雞腿經過蒸熱後再放入冰水裡，三溫暖的方式可讓皮經過急速冷卻變Q，肉質與雞湯也會結為凍狀，最後泡入藥酒湯汁裡慢慢吸收入味，變紮實又好看。

❶ 取鍋子加入所有調味料，再攪拌均勻，即可將冰鎮過後的雞腿捲一起泡入湯汁中，放入冰箱冷藏即可。

   TIPS 如果怕酒味，又要讓中藥味重些，所有材料可以煮開再放涼後浸泡雞肉，冷藏 24 小時後再食用是最佳賞味期。

紹興醉蝦

相同的藥酒汁，還能拿來浸泡燙熟的蝦喔！只要時間足夠，請客菜醉蝦你我都能簡單做。如果沒有做雞高湯的時間，利用高湯塊融化調味也很不錯。

材料：

白蝦 10 尾
青蔥 2 根

調味料：

枸杞 1 小匙
紅棗 5 粒
當歸 1 片
甘草 1 片

紹興酒 200cc
雞高湯 200cc
鹽巴少許

做法：

❶ 首首先將白蝦剪鬚去沙腸，煮一鍋滾水再加入青蔥段，再將白蝦放入滾水中汆燙至熟，撈起泡冰水備用。

❷ 取一個容器，再加入所有調味料一起攪拌均勻。

❸ 再將汆燙好的白蝦放入做法 2 的特調湯汁中，最好浸泡 24 小時最佳。

{ 邱主廚 小時候的味道 }

　　印象中小時候家裡可不是隨時可以吃得到客家小炒，而是要有長輩到訪或重要慶典才可以做這一道菜，客家小炒也是我們菜譜中一道具代表性的宴客菜。

　　住在山裡的客家人大多自給自足，家裡多會養雞、鴨、鵝、豬等等牲畜。一但逢年過節都會殺來做拜拜的牲禮，像豬肉、雞肉都是必須要煮熟拿來祭拜祖先。一下子家裡有了太多肉類無法立刻消化，勤儉持家的客家媽媽為了不讓家人吃膩，就會努力變化口味，客家小炒就是這樣產生的一道客家名菜。

　　一整條完整的三層肉是基本的神明供品，我們會拿來切條狀，再以豬油搭配乾魷魚，自己種的青蔥、蒜苗、芹菜、辣椒等一起炒成客家小炒，香噴噴油滋滋的超級下飯。配料各家稍有不同，算是客家媽媽的味道吧！

　　現在的客家小炒我做了一點改良，**以三層肉本身的油脂爆香，向食物借油來炒菜，不油炸也能讓吃得健康又道地。**

客家小炒

大廚美味重點：

魷魚不捲曲的祕密

一整尾的魷魚要發泡，必須很長時間才能完成，現在只要記住「逆文剪，泡冷水」的口訣就能在 30 分鐘內搞定。先對半剪，再看一下魷魚紋路，依逆文方向剪成 1cm 寬的小條狀，再以冷水浸泡，很快就會軟，而且下鍋炒時真的不會捲曲，好咬好入口。

🍴 選擇好貨看這裡

乾魷魚要買阿根廷魷魚最肥厚，購買要注意不黏、不腥、不黑就是好貨，不含鬚，身長約 30CM，一尾約 180～220 元上下，太便宜也要小心唷！

材料：

三層肉 350 公克　　蒜頭 3 瓣
乾魷魚 1/2 尾　　　辣椒 1 根
豆乾 5 片
芹菜 5 枝
青蔥 3 枝

調味料：

醬油膏 1 大匙
米酒 1 大匙
砂糖少許
鹽巴白胡椒粉少許
水適量

做法：

❶ 首先將三層肉洗淨再切成小條狀，約 1cm 寬度備用。

　　TIPS 這裡也可以用拜拜過燙熟的五花肉。

❷ 將乾魷魚使用剪刀剪成小條狀，再浸泡冷水約 30 分鐘備用。

　　TIPS 乾魷魚逆文切不捲曲。

❸ 豆乾切與三層肉一樣長條狀，蒜頭與辣椒切片，芹菜與青蔥都切成小段狀備用。

❹ 炒鍋先加入一匙沙拉油，再放入三層肉條以中火先煸香逼出油，煸至三層肉出油
　略上色。（如果使用不沾鍋者也能不放油，直接將肉放入逼出油脂。）

❺ 於做法 4 鍋中加入豆乾、蒜頭與辣椒，魷魚一起爆香，再加入所有調味料略燒一
　下，最後加入青蔥與芹菜一起加入翻炒均勻，上蓋燜一下即可。

TIPS 先放入油花多的肉類煸香出油，
就能少倒入很多油入鍋，而且豬肉焦香酥
脆不油膩。

橙汁排骨

✖ 大廚美味重點：
用新鮮柳橙汁簡單又健康

　　先將新鮮柳橙榨汁，再調成微酸微甜的香橙醬，滋味最天然健康，除了燒排骨，也可用在水果沙拉、燒肉片、燒魚等料理都適合，清爽微酸滋味很開胃，只是因為是水果不適合一次多做冰起來冷藏，建議現做最好。

　　將排骨肉戳洞，這樣將香橙醬入鍋時更好入味，滋味清新爽口。

材料：	醃料：	香橙醬：	調味料：
小排骨 300 公克	米酒 1 小匙	柳橙汁 500cc	鹽巴與白胡椒少許
洋蔥 1/2 顆	香油少許	新鮮柳丁汁 5 顆	太白粉水少許
蒜頭 2 瓣	鹽巴白胡椒少許	砂糖 1 小匙	香油 1 小匙
辣椒 1/2 根	醬油 1 小匙	鹽巴少許	
新鮮柳橙 1 顆	糖少許		
荷蘭豆 10 根			

做法：

❶ 首先將排骨剁成小塊狀，再將小排骨使用刀背輕拍，使小排骨表面略為有小洞即可。

❷ 將洋蔥切小塊，蒜頭切片，辣椒也切片，荷蘭豆切片，備用。

❸ 將香橙醬材料攪拌均勻，放入瓦斯爐上面略燒過讓砂糖融化，備用。

❹ 將做法 1 排骨放入醃料中醃約 15 分鐘，再放入平底鍋中，加入 3 大匙沙拉油以小火半煎炸的方式炸成金黃色。

❺ 取炒鍋加入一小匙沙拉油，加入洋蔥、蒜頭、辣椒以中火爆香，再加入做法 4 的排骨及香橙醬以中火略微拌煮均勻後加入調味料鹽巴、白胡椒、香油調味。

❻ 再加入荷蘭豆燜一下，最後以太白粉水勾薄芡即可，材料中的鮮橙可以切片排盤裝飾。

> **TIPS** 荷蘭豆要保持翠綠，最後起鍋前加入上蓋燜一下約 2 分鐘變色即可，最能保持原味。

糖醋排骨

香橙醬換成糖醋醬，立刻變成另一道餐廳熱門菜色，你一定要學會。

材料：	排骨醃料：	糖醋醬：
排骨 600 公克	醬油 1 大匙	水 5 大匙
紅黃甜椒半顆	米酒 1 大匙	糖 1.5 大匙
青椒半顆	糖 1 小匙	白醋 3 大匙
洋蔥 1/4 顆	胡椒粉 1/2 小匙	番茄醬 2 大匙
蒜頭 2 瓣	蒜末 1/2 小匙	
番茄半顆		

做法：

❶ 首先將排骨洗淨，再放入醃料中醃漬約 20 分鐘。

❷ 再將醃漬好的排骨放入約 180 度油鍋中，以少油半煎炸的方式，炸成上色，再濾油備用。。

❸ 將蒜頭切片，番茄、洋蔥、青椒、紅椒、黃椒都切成小塊狀，備用。

❹ 取炒鍋先加入一大匙沙拉油，再將糖醋醬所有材料與作法 2 的排骨一起燴煮 2 分鐘，再加入做法 3 材料一起翻炒均勻煮至收汁。

TIPS 可依個人口味調整番茄醬或白醋的分量，略煮至收汁呈稠狀時即可。

椒鹽排骨

- 相同作法將排骨換成去骨雞腿排，更鮮嫩多汁。

✖ 大廚美味重點：

炸二次酥脆不含油

　　為什麼一定要炸二次，不能一次直接熟成？排骨因為有帶骨，肉質較紮實，一次炸怕有可能不夠熟，所以炸排骨的訣竅是先以約 160～170 度油溫炸上色，再撈起，油溫再加到 180～190 度再放入炸一次約 5 秒逼油，表面就會更焦黃酥脆，這有個專有名詞叫「搶酥」。

材料：	醃料：	調味料：
小排骨 550 公克	鹽巴 1/4 小匙	鹽巴 1/4 小匙
青蔥 2 枝	太白粉 2 小匙	白胡椒粉 1 小匙
蒜頭 3 瓣	米酒 1 小匙	香油 1 小匙
紅辣椒 1 枝	蒜泥 2 小匙	
	糖 1 小匙	
	香油 1 小匙	

做法：

❶ 將小排骨切成小塊狀，再放入醃料中醃漬約 15 分鐘，備用。

❷ 紅蘿蔔切成小花，再放入滾水中汆燙。青蔥、辣椒、蒜頭都切碎，備用。

❸ 將醃漬好的排骨先放入平底鍋中加入 3 大匙沙拉油，以中火半煎炸方式炸約 8 分鐘。

　　TIPS 過程中要注意火不要太大，因為油量非常少溫度容易升高，也要約 1 分鐘翻面一次，上色而且表面酥脆狀即可。

❹ 取炒鍋加入一小匙沙拉油，再加入蒜頭、辣椒、青蔥以中火爆香，再加入炸好的排骨，所有調味料一起加入翻炒均勻即可。

排骨酥

學會香噴噴排骨酥，除了直接大口吃肉大口喝酒的解決美食外，還可以一次多做一點，分小袋冷凍保存，煮冬瓜湯或蘿蔔湯時加入一起燉煮，香濃好喝。

材料：	醃料：	調味料：
小排骨 350 公克	醬油 1 大匙	鹽巴 1 小匙
青蔥 1 根	砂糖 1 小匙	白胡椒 1 小匙
蒜頭 2 瓣	香油 1 小匙	
辣椒 1 根	炸粉 3 大匙	
	五香粉少許	
	白胡椒粉少許	

做法：

❶ 首先將小排骨洗淨，再放入醃料中醃漬約 10 分鐘。

❷ 將醃漬好的小排骨，沾炸粉放入 170 度的油鍋中炸一次，再撈起再將油溫加到 180 度，再炸一次才酥脆。

❸ 將蒜頭、辣椒、青蔥都切成碎狀，備用。

❹ 取炒鍋先加入一大匙沙拉油，再加入做法 3 的材料一起爆香，再加入炸好的排骨酥與調味料一起翻炒均勻即可。

{ 邱主廚 難忘阿婆的私房菜 }

　　這道菜是我阿婆做給我的私房料理，感情融入佐以古法製作，讓客家梅干扣肉有愛的滋味。

　　從小我阿婆對我非常好，不只燒菜給我吃，自己不捨得吃的食物都會給我先吃，也許是因為我的年紀最小，相當得寵。

　　客家阿婆都很厲害，全手作梅干菜，從生的長年菜，變鹹菜，再變福菜，再變梅干菜，這些醃漬物全部都放在阿婆的床底下珍藏起來。

　　所以梅干扣肉全由自己生產製造的，用自作的梅干菜來做菜天然安心，當開蓋瞬間一股香味撲鼻而來，這種味道沒辦法騙人，這的確是最好的阿婆的私房料理呀，一輩子忘不了。

梅干扣肉

✕ 大廚美味重點：
乾煎不加油最健康

　　想讓梅干扣肉更好吃，靈魂在「梅干菜」，首先梅乾菜到客家庄購買最道地，在料理前一定要先洗三次，泡冷水才能去除表面的沙礫與多餘的鹽分，最後一定要先用香油炒香。

　　為什麼要經過炒香這個步驟？醃漬的鹹菜經過洗滌、浸泡，味道就會變淡，想要提味，一定要乾煸，或加少許油一起煸出味道，這就是還原醬菜味道的祕密。

材料：

三層肉 400 公克	辣椒片 1 根
青蔥 3 根	青江菜 3 株
薑片 1 小段	
梅干菜 200 公克	
蒜片 5 瓣	

醃料：

醬油 1 大匙
砂糖 1 小匙
香油 1 小匙
五香粉 1 小匙
米酒 1 大匙

調味料：

醬油 2 大匙
冰糖 1 大匙
水 500cc
米酒 1 大匙

做法：

❶ 將三層肉整條，再放入醃料中醃漬約 30 分鐘，醃漬好後再放入 180 度油鍋中或以平底鍋煎上色，再取出切成片狀，備用。

❷ 將梅干菜洗淨，再泡冷水約 1 小時，去除鹹味後，再切成小段狀濾乾水分後，用香油以中小火慢慢煸乾，讓梅干菜的香氣自然釋放出來，再取出備用。

❸ 同做法 2 鍋中，再加一小匙沙拉油，以中火爆香蒜頭、辣椒、薑片後，加入煸香的梅干菜與所有調味料一起翻炒一下，起鍋。

❹ 取一個大碗公，先將處理好的三層肉鋪底，再塞入做法 3 梅干菜，再包上耐熱保鮮膜後，放入電鍋中蒸約 40 分鐘。

❺ 再取一個成品盤將蒸好的扣肉倒扣在盤中，再圍上汆燙好的青江菜裝飾即可。

台式滷肉

　這是台灣家家戶戶都愛的下飯好菜，學會滷的基本工，肉品替換成雞肉也是好滋味，不愛太肥三層肉，也可以搭配瘦一點的梅花肉混滷，噴香滋味超讚。

材料：

三層肉 600 公克
薑 30 公克
青蔥 3 根
蒜頭 5 瓣

醃料：

蒜泥 2 粒
鹽巴白胡椒少許
醬油 1 小匙
太白粉 1 小匙

調味料：

醬油 120cc
紹興酒 2 大匙
冰糖 1 大匙
鹽巴白胡椒少許
水 1600cc
八角 2 粒
月桂葉 2 片
甘草 2 片

做法：

❶ 首先將三層肉切成條狀，再放入醃料中醃漬約 5 分鐘。

❷ 接著再把薑敲扁，蒜頭敲扁，青蔥切小段，備用。

❸ 將醃漬好的的三層肉放入 180 度的油鍋中，炸成上色備用。

❹ 炒鍋先加入一小匙沙拉油，再加入做法 2 材料以中火爆香上色，再加入炸好的豬肉與所有調味料，再以中小火燉煮約 50 分鐘即可。

{邱主廚 小時候的味道}

　　客家庄辦的流水席挺好玩的，小時後最喜歡跟媽媽去喝喜酒了，席間 15 道菜，上到雞腿、腿庫等料理時大家全部開始打包了，腿庫也是大家必搶的食物之一，因為客家人的飲食習慣肥油多的肉貴於瘦肉，所以宴席菜一定會用肥油多蹄膀表示誠意，這樣的食物老人家是最喜歡。

　　滷腿庫是我們家在請客、喜宴或是重要節令時才可以吃到的大菜，往昔爸媽們都是選較肥的部位，依古法炸過後，再滷得油滋滋的，醬香味很誘人，好吃是好吃啦，油脂多，還有豐富的膠原蛋白，但在強調健康養生的現在，我想說可以選小一點蹄膀，或不先油炸，想吃得道地也要吃健康，更重要的是能讓客家菜的美味深遠傳播下去。

　　或者切成小塊狀，作成小封肉，也能不油炸直接滷，如果真用古法炸過，在煮的過程中要不斷的漂掉肥油，這樣才能吃得健康。

筍絲滷蹄膀

• 相同作法，如果不喜歡蹄膀，也可以換豬腿庫來替換也很不錯。不愛筍乾絲的人，也可以加入新鮮竹筍。

大廚美味重點：

筍絲加糖汆燙，更能去澀味

　　筍乾絲因為經過醃漬，有其鹹酸澀味，放入加糖的水中汆燙一下，不只去鹹還能去澀味，又因為筍乾是需要大量油脂同煮才會好吃的食材，與蹄膀同煮最適合不過了，端上桌時油香好迷人。

　　只是現代人強調健康，蹄膀如何漂掉肥油，可以使用剪刀修掉一些肥油，筍子與肉長時間燉煮會讓肉有筍香氣，能讓蹄膀不顯油膩。

材料：

蹄膀 1 隻
筍絲 300 公克
青蔥 3 根
薑 1 小段
青花菜 1/3 棵
香菜 2 根

醃料：

醬油 1 大匙
砂糖 1 小匙
香油 1 小匙

調味料：

冰糖 1 大匙
醬油 1/2 碗
水 1200cc
八角 2 粒
紹興酒 3 大匙

做法：

❶ 首先將蹄膀洗淨，再放入醃料中醃漬約 30 分鐘。

　　TIPS 蹄膀表面若有若除乾淨的豬毛？蹄膀的毛如果沒有去除，
　　　　　就要使用拔豬毛夾慢慢拔除，或者是使用火略燒一下，
　　　　　再使用菜瓜布刷洗乾淨。

❷ 醃漬過後的蹄膀再放入約 180 度的淺油鍋中，用少油
　乾煎方式將每一面略煎上色，起鍋備用。

　　TIPS 過程中要注意，蹄膀要上色時略微會油爆，一定要注意。

❸ 將筍絲洗淨再泡冷水約 30 分鐘去除酸味，接著再煮
　一鍋滾水，水中加一大匙砂糖，水滾開後再加入筍絲
　汆燙約 10 分鐘，再撈起洗淨濾水備用。

❹ 把薑切片，青蔥切小段，備用。

❺ 取一個電鍋內鍋，先加入筍絲、薑片、青蔥，再加入
　炸好的蹄膀與所有調味料一起加入，再使用電鍋蒸約
　80 分鐘。

　　TIPS 每隔 20 分鐘將蹄膀翻面，讓每一面都能均勻上色入味。

❻ 最後讓蹄膀軟爛之後，再將綠花椰菜修成小朵，汆燙
　好圍邊在蹄膀旁邊裝飾即可。

紅燒獅子頭

🍴 大廚美味重點：
獅子頭多汁祕密就是蔥薑水

　　健康肉丸子肥瘦比例為肥油 3：瘦肉 7，在攪拌時就要邊拌邊輕打入絞肉，讓蔥薑水完全吸收進去，這樣就能讓人一口咬下時，感動噴汁。

　　蔥薑水製作方式，薑片 6、青蔥段 2 根、蒜頭 1 瓣、冷水 200cc，全部加在一起用手用力擰出汁液出來即可。

5

材料：	調味料 A：	調味料 B：
豬絞肉 600 公克	香油 1 小匙	雞高湯 800cc
荸薺 5 粒	蔥薑水 80cc	蠔油 2 大匙
青蔥 2 根	太白粉 1 小匙	醬油 1 大匙
蒜頭 3 瓣	蛋白 1 粒	糖 1 小匙
薑 20 公克	白胡椒鹽巴少許	香油 1 小匙
青江菜 3 棵	醬油 1 大匙	太白粉水 1 大匙

TIPS 因為油量不是很多，所以要用筷子翻滾丸子，才好均勻上色。

做法：

❶ 將荸薺、蒜頭、薑、青蔥都切碎，備用。

❷ 青江菜洗淨，放入滾水中汆燙過水，撈起備用。

❸ 將做法 1 的材料與豬絞肉及與調味料 A 一起放入大容器內，再使用手掌攪拌均勻，再大力將肉泥捉起丟回容器內，甩丟約 30 ～ 40 次至成稠狀出筋，再加入蔥薑水慢慢加入，讓肉丸子可以多吃一些蔥薑水，可以去腥又可以讓肉變嫩。

　　TIPS 這個動作很重要，如果肉泥太多不好甩，可以分次處理。

❹ 將做法 3 的絞肉泥，用湯匙或是手掌虎口捏成大球狀，備用。

　　TIPS 如果捏的過程中外表不美麗，也可以手掌使用一些蔥薑水，可以滋潤外表好塑形。

❺ 將塑型好的肉丸子放入約 180 度油溫的熱油中，半煎炸成金黃色，再撈起濾油備用。

❻ 炒鍋先加入所有調味料 B（太白粉除外），再與炸上色的獅子頭一起以中火燉煮約 25 ～ 30 分鐘，最後再加入青江菜裝飾即可。

白菜獅子頭

調味料 A：

大白菜 1/2 粒
紅蘿蔔 20 公克
木耳 2 片
蝦米 1 大匙
香菇 3 朵
扁魚 3 片

調味料 B：

現成獅子頭 12 粒

調味料：

雞高湯 800cc
醬油膏 2 大匙
醬油 1 大匙
糖 1 小匙
香油 1 小匙

做法：

❶ 首先將材料 1 的扁魚烤過略切碎狀，大白菜切成塊狀洗淨備用。紅蘿蔔、香菇、木耳都切成絲狀。蝦米泡水備用。

❷ 炒鍋先加入一大匙沙拉油，再加入做法 1 的所有材料一起以中火爆香，再加入調味料的所有食材與炸上色的獅子頭，以中火燉煮約 25 分鐘熟成入味即可。

麻油炒腰花

• 如果腰子加入雞佛就是麻油雞雙腰，做法是一樣的。

✖ 大廚美味重點：
切腰花的刀工最重要

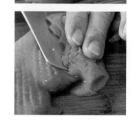

　　現在市場買的腰子已經處理得很乾淨了，只是如果萬一有看到對切後的中間還有白膜和筋，一定要仔細切除，以免在煮的過程中散出尿騷味。

　　腰子最怕久煮讓口感變硬老化，最好的方法是先以斜刀切格菱紋花刀，再切片，讓片狀面子薄大後，再以刀尖，增加受熱的面積，才快熟好入味，上桌時鮮嫩無比。

材料：

腰子一副
老薑 30 公克
枸杞 1 大匙

調味料：

米酒 300cc
黑麻油 1.5 大匙
香油 1 小匙

鹽巴少許
糖少許

做法：

❶ 腰花橫切半，切去中間的白膜，腰面先切花再切斜片狀後，放入滾水中汆燙約 30 秒，撈起入清水中反覆浸泡去血水。

❷ 老薑切片，枸杞泡水，備用。

　　TIPS 麻油腰花是以中藥藥性來説用老薑較適合，也比較能壓住腰花的味道。

❸ 炒鍋中先加入 1.5 匙黑麻油將老薑片以中火先煸香，再加入汆燙好的腰花以大火爆炒一下，再加入米酒煮約 3 ～ 5 分鐘，起鍋前加入枸杞、香油、鹽巴、糖略拌勻即可。

1

TIPS 浸泡去血水約換三次水，反覆洗滌乾淨即可。

麻油炒松板豬

　麻油料理很適合台灣人冬令進補，除了腰花，食材替換成松板豬或鮮蝦、杏鮑菇等都是很不錯的唷！

材料：

松阪豬 450 公克
枸杞 1 大匙
老薑 30 公克
甜豆 10 夾

調味料：

米酒 150cc
水適量
麻油 1 大匙
香油 1 大匙
鹽少許

做法：

❶ 首先將松阪豬洗淨，再逆文切成片狀，備用。

❷ 枸杞泡水至軟，老薑切片，甜豆對切備用。

❸ 取炒鍋，加入一大匙麻油，再加入老薑片以中火先爆香。

❹ 接著再加入松阪豬一起爆香，再加入其餘所有材調味料，以中火煮約 10 分鐘，最後再加入枸杞與甜豆煮熟即可。

五更腸旺

✖ 大廚美味重點：
花椒要用麻油最有味道

五更腸旺口味要又香又麻辣，建議選擇大紅袍花椒，而且要色澤偏紅，這在中藥店買最新鮮，一開始一定要用油爆香，在香氣四溢時再下其他材料。

腸旺美味的重點還有大腸頭一定要乾淨，可用麵粉或可樂來洗，豪華一點的用啤酒洗去油質腥味，重點在於大腸頭裡面的油花不可以剪除的太多，如果沒有油脂滷起來會扁扁乾乾的不好吃。

材料 A：	材料 B：	調味料 A：	調味料 B：
鴨血 1 塊		水 1200 c c	大紅袍花椒 1 小
蒜苗 1 根	大腸頭 1 條	鹽巴 1 小匙	匙
薑 20 公克	青蔥 2 根	醬油 1 大匙	麻油 2 大匙
蒜頭 2 瓣	辣椒 1 根	砂糖少許	醬油 1 大匙
辣椒 1 根	薑 15 公克	滷包 1 包	砂糖少許
酸菜 150 公克			辣豆瓣 1 小匙
			米酒 1 大匙
			水 500cc
			太白粉水適量

做法：

❶ 首先將鴨血斜切厚片，再洗淨備用。

❷ 將大腸頭洗淨再放入滾水中汆燙過水，備用。

❸ 取一個湯鍋加入材料 B 青蔥，薑片，辣椒與調味料 A 所有材料一起加入，大腸頭也一起加入，再以中小火滷 30 ～ 50 分鐘，再取出切片備用。

❹ 材料 A 的薑，蒜頭切碎，酸菜洗淨去除鹹味切絲，備用。

❺ 取炒鍋先加入 2 大匙麻油，再加入花椒粒以中小火慢慢煸香，再將花椒粒過篩留花椒油，備用。

❻ 鍋中接著再加入做法 4 的薑、蒜頭、酸菜以中火先爆香，再加入調味料 B 的材料煮開，再加入鴨血、大腸、蒜苗片略煮一下，最後勾薄芡即可。

麻辣滷鴨血

相同的麻辣醬汁，少了大腸頭，改成鴨血豆腐更是滑順好下飯，也能拿來做清蒸臭豆腐唷！

> 大紅袍花椒要去中藥店，或南北貨商店都可以買到。

材料：

鴨血 1 塊
板豆腐 1 塊
豬血糕 1 塊
香菜 2 根
蒜苗 1 根
青蔥 2 根

調味料：

大紅袍花椒 1 小匙
醬油 1 大匙
辣油 1 小匙
砂糖 1 大匙
香油 1 小匙
辣豆瓣 1 大匙
水 900cc

做法：

❶ 鴨血切厚片，豬血糕切小塊，板豆腐切小塊，切好後全部放入滾水中快速汆燙一下，再撈起備用。

❷ 青蔥切小段，蒜苗切片，香菜切小段備用。

❸ 炒鍋內先加入一大匙麻油，再加入大紅袍花椒以小火將味道煸出來，可以濾除大紅袍花椒或留著都行。

❹ 再加入所有調味料以中火煮 2 分鐘，再加入做法 1 材料煮約 7 分鐘至入味，最後再加入青蔥、蒜苗片、香菜，略炒即可。

蔥爆牛柳

• 此做法如果不吃牛可換成雞肉、豬肉絲、
  口感一樣好吃。

✖ 大廚美味·重點：
牛肉逆紋切口感佳

　　牛肉的組織較為粗獷，以逆紋切方式口感是會較軟，要怎麼看牛肉紋路呢？牛肉上有白色的線（筋）就是是牛肉的肉紋，逆紋就是要打橫切的意思。因為牛肉的油脂含量，下鍋前，建議要先醃一下讓肉質軟化，口感更好。

材料：
牛肉 350 公克
青蔥 3 根
洋蔥 1/2 顆
蒜頭 2 瓣
辣椒 1 根

醃料：
香油 1 小匙
米酒 1 小匙
醬油 1 小匙
白胡椒少許
太白粉 1 小匙
糖少許

調味料：
辣豆瓣 1 小匙
砂糖少許
水適量
白胡椒少許
紹興酒 1 小匙

做法：

❶ 牛肉逆紋切成條狀，再放入醃料中醃漬約 5 分鐘，備用。

❷ 將青蔥切小段，洋蔥切絲，蒜頭與辣椒切片，備用。

❸ 熱炒鍋先加入 2 大匙沙拉油，再加入醃漬好的牛肉條以大火快炒至七分熟，取出濾乾油脂備用。

❹ 再使用原鍋加一小匙沙拉油，再加入做法 2 材料以中火爆香，再加入做法 3 牛肉條，及所有調味料一起以大火快炒均勻即可。

韭黃炒牛柳

材料：　　　　　　醃料：　　　　　　調味料：

牛肉 250 公克　　紹興酒 1 小匙　　　沙茶醬 1 小匙
韭黃 150 公克　　鹽巴白胡椒少許　　水適量
蒜頭 2 瓣　　　　醬油 1 小匙　　　　香油 1 小匙
辣椒 1 根　　　　太白粉 1 小匙
　　　　　　　　　糖少許

做法：

❶ 首先將牛肉切成絲狀，再加入醃料中醃漬約 10 分鐘。

❷ 韭黃切成小段狀洗淨，蒜頭與辣椒切片備用。

❸ 熱炒鍋，先加入一大匙沙拉油，再加入醃漬好的牛肉絲以大火爆香。

❹ 接著再加入做法 2 材料一起加入，再加入所有調味料大火翻炒均勻即可。

黑胡椒煎羊排

✖ 大廚美味重點：
羊排要用蔬菜先軟化

　　羊排肉質較硬，直接炒很容易口感過硬不好入味，可以用新鮮蔬菜或蔬菜汁醃漬軟化，同時也可以去騷味，一舉二得。

　　羊排可以買羊肩排，菜市場有賣，或者到超市購買。

材料：	醃料：	調味料：
羊排 4 隻	洋蔥 1/3 粒	黑胡椒 1 大匙
紅甜椒 1/3 粒	青蔥 1 根	奶油 10 公克
黃甜椒 1/3 粒	蒜頭 2 瓣	鹽巴少許
綠花椰菜 2 朵	鹽巴少許	鮮奶 30cc
	米酒 1 大匙	雞高湯 300cc
	水 500cc	太白粉水適量

做法：

❶ 將醃料洋蔥、青蔥、蒜頭切成碎狀，再與醃料其餘調味料一起攪拌均勻。

❷ 將羊排修成小片狀，再放入做法 1 的醃料中抓醃約 15 分鐘備用。

❸ 把紅黃甜椒都切斜片，綠花椰菜修成小朵備用。

❹ 取炒鍋先加入調味料的黑胡椒粒以小火煸香，再加入其餘調味料煮約 3 分鐘，再勾薄芡當作醬汁備用。

❺ 熱平底鍋，先加入少許沙拉油，再加入醃漬好的羊排以中火煎至雙面上色，同時間也加入處理好的紅黃甜椒片及綠花椰菜一起煎上色，最後盛盤，淋入黑胡椒醬汁即可。

沙茶炒羊肉

✕ 大廚美味重點：
加紹興酒香味更提升

　　羊肉要使用羊梅花肉的油質比較夠，不會柴，台灣料理大多用米酒入菜，在這裡這道家常小炒，邱主廚建議大家加一點紹興酒，和羊肉合拍對味，經熱炒後香氣獨特，讓人忍不住一上桌就下箸偷吃一口。

材料：

羊肉 300 公克
洋蔥 1/2 顆
蒜頭 2 瓣
辣椒 1 根
青蔥 2 根

醃料：

香油 1 小匙
紹興酒 1 小匙
鹽巴黑胡椒少許
太白粉水適量

調味料：

沙茶醬 1 小匙
辣豆瓣少許
砂糖少許
烏醋 1 小匙
香油少許

做法：

❶ 首先將羊肉逆文切成條狀，再放入醃料中醃漬約 3 分鐘，備用。

　　TIPS 如果覺得羊肉不好切或不好買，也能用火鍋羊肉片替代，只是熱炒時間要更短。

❷ 熱炒鍋，加入 2 大匙沙拉油，再加入醃漬好的羊肉條以大火爆香，再撈起濾乾多於的油質，備用。

❸ 將洋蔥切絲，蒜頭與辣椒切片，青蔥切小段備用。

❹ 熱炒鍋先加入一小匙沙拉油，再加入做法 3 材料以中火爆香，再加入炒好的羊肉絲，所有調味料一起爆香翻炒均勻即可。

Part 5

喝一碗煲湯最暖胃

原味雞高湯怎麼煮

學會原味的雞高湯烹調方式，可能讓很多料理變好吃，許多需要加一點高湯調味的菜色，就是這個天然健康無添加的高湯能提味增甜，口感更豐富。

雞高湯材料：

雞骨頭或雞架子 2 副（600 公克）	青蔥 2 根
洋蔥 1/2 顆	薑 20 公克
紅蘿蔔 50 公克	水 2000cc

做法：

❶ 將雞骨先用熱水燙過後，取出洗乾淨再瀝乾水分。

　　TIPS 一定要將血水洗乾淨，浮沫才不會多，湯頭也會清澈，這樣才會讓熬出來的湯腥味較少，雜質較少，湯頭鮮美（同樣適用排骨或雞腿等燉湯食材）。

❷ 洋蔥半顆，切小塊。紅蘿蔔一條，滾刀切塊後與做法 1 的材料及水一起放入鍋內，先大火煮開再轉中小火續滾約 5 ～ 10 分鐘。

❸ 撈完浮沫後，繼續小火煮約 30 分（保持要滾微滾的狀態），最後把食材都瀝掉，留下的湯頭即是美味營養雞高湯。

TIPS 加了蔬菜的湯頭帶著蔬菜甜味，也適合拿來做西式濃湯的基底。在煮的同時若有浮沫，要隨時將浮沫撈起，湯頭才會保持清澈。

Taiwan Kitchen

菠菜豬肝湯

• 若不喜歡煮湯也可用薑片、麻油爆香，再加入汆燙好豬肝、米酒與水快炒出進補美味，又香又好吃。

🍴 大廚美味重點：
豬肝不老真好味

豬肝的微血管較細，要熟成也不易，但煮久口感會老變得乾乾粉粉的，不怎麼好吃。所以有二招一定要學會：1 是豬肝要以斜刀＋逆文切片成長片狀，因為這樣的長片狀較薄，較容易熟；2 是預防豬肝口感老化，最好先透過醃漬太白粉保護，再泡 90 度熱水，再來煮湯最快速，口感也會較好。

材料：

豬肝 1/3 粒
（約 300 公克）
薑 20 公克
菠菜 200 公克

醃料：

米酒 1 小匙
太白粉 2 大匙
鹽巴少許

調味料：

麻油 1 小匙
鹽巴白胡椒少許
米酒 1 小匙
水 1000cc

做法：

❶ 豬肝斜切大片狀，再放入醃料中，醃漬約 10 分鐘備用。

❷ 再將薑切絲，菠菜切成小段狀，再洗淨濾水備用。

❸ 將醃漬好的豬肝放入熱水中，水溫約 90 度泡煮 1.5 分鐘，再撈起備用。

❹ 將所有調味料，加入薑絲一起放入湯鍋中，先以大火煮開，再加入處理好的豬肝，再以中小火煮約 6 分鐘。

   TIPS 豬肝有醃漬與裹太白粉保護，較不會過老。

❺ 最後再加入處理好的菠菜續煮 1 ～ 2 分鐘即可。

TIPS 菠菜最後加營養成分最高，又能保持翠綠不變黃。

{ 邱主廚 想念的客家庄 豬腳四神湯 }

　　大家熟悉的四神湯應該是街邊小吃，用的是豬小腸，只要腸子夠軟，藥材對了整體就好吃，幾乎不是用完整的豬肚來烹調，但客家庄的是「胡椒豬肚四神湯」，很是特別。

　　要將生的豬肚翻開洗淨，再剪去多餘油脂，最後將大顆的白胡椒粒塞入豬肚裡面，放入蒸籠中蒸 1.5 小時，才能軟透入味，這道菜是客家人的補冬聖品，在蒸的過程滿屋子都充滿胡椒香氣，湯頭的濃郁真的無法用文字形容的美味。

　　順便一提，客家庄的豬腳四神湯更是一絕了，每年冬至是必備的一道料理（甜豬腳四神湯），因為我們都是吃甜的，豬腳有股甜味，但是依現在人來説要請他吃甜的四神湯，我想應該只有老一輩或想吃傳統的朋友鄉親會賞臉。

客家豬肚四神湯

大廚美味重點：
豬肚的油要剪除湯頭才會清澈

❶ 首先將豬肚翻開，使用乾麵粉或可樂搓洗乾淨。因為大腸、豬肚都屬於內臟，內黏膜都非常黏如果單使用清水是無法洗淨，所以務必使用麵粉或者是碳酸飲料才可以刺激黏膜，才有辦法洗滌乾淨。

❷ 再使用清水將裡外都沖洗一遍，直到覺得乾淨無味。

❸ 再來為豬肚裡面有大腸頭連接處，油質多，所以將豬肚內多餘的肥油用剪刀剪除，這樣湯頭才會清澈，口感才會不油膩。

> TIPS 還有要使一鍋湯清澈，務必要注意汆燙時間，油質不可以太多，煮的過程火不可以太大，只要掌握這幾個步驟就可以讓豬肚湯清肉軟。

材料 A：

豬肚一個
排骨 200 公克
薏仁 100 公克

材料 B：

（或現成四神料一
包）
蓮子 100 公克
欠實 30 公克
山藥 80 公克
茯苓 50 公克

調味料：

白胡椒粒 20 公克
鹽巴白胡椒粉少許
水 1500cc

當歸酒做法：

米酒 300cc
當歸 100 公克
兩者混合即可

做法：

❶ 將豬肚洗淨，翻開減剪除多餘油脂。

❷ 再將薑切片，蔥切長段薏仁洗淨泡冷水約 2 小時，備用。

❸ 把調味料的白胡椒粒放入布包內，再綁緊備用。

❹ 將白胡椒布包及與調味料 2 的蔥放入處理好的豬肚裡面，最後撒一點白胡椒
粉後，再取棉繩將豬肚二邊綁緊。

❺ 再將湯鍋放入瓦斯爐上面，放入做法 4 的豬肚及材料 B 以中小火燉煮約 90 分
鐘。

   TIPS 四神材料可去中藥店購買最新鮮。

❻ 食用前再使用剪刀將豬肚剪開，搭配適量當歸酒一起風味更佳。

TIPS 如果沒有把胡椒放在燉滷用的布包
內，煮好後比較不好取出。

TIPS 豬肚二邊綁緊，食材不外露，才更入
味。

蒜頭香菇雞湯

✖ 大廚美味重點：

汆燙雞肉 15 秒

無論是帶骨雞肉或是排骨、大骨等肉類要煮湯一定要先汆燙，如此不只能夠去髒去血水，還能讓煮出來的湯頭較沒有黑黑的浮沫，只是汆燙的水也都是菁華，若煮太久可能熟化，肉的鮮甜會淡掉，所以「水大滾時放入 15～20 秒」是關鍵，另一口訣「滾水下，滾水上」即可。

材料：

大雞腿 2 隻	枸杞 1 小匙
蒜頭 15 瓣	紅棗 5 粒
薑 20 公克	蔥白 2 根
乾香菇 3 朵	

調味料：

鹽巴白胡椒少許
水 1800cc
米酒 1 大匙
香油 1 大匙

做法：

❶ 將雞腿切成大塊狀，再放入滾水中汆燙約 15 秒（視情況讓表面變色即可），再取出洗淨備用。

❷ 將蒜頭去蒂，紅棗、枸杞、乾香菇以冷水泡軟，蔥白切小段，薑切片，備用。

❸ 取湯鍋加入做法 1 和作法 2 材料，再上蓋以中小火燉煮約 30 分鐘，再關火燜 10 分鐘即可。

❹ 續悶 10 分鐘過後，起鍋前再加入香油襯出好風味。

🖌 關於黑蒜頭

如果改用黑蒜頭，做法一樣味道鮮美，又有進補功效。可在超市、大賣場或南北貨商行購得，每一大粒價格約在 100～130 元。

香菇雞湯

　　將蒜頭換成乾貨香菇，雞湯味道立刻不同，但依舊滋
味好的沒話說，而且無論春夏秋冬都適合，沒有禁忌。

材料：

仿土雞 1 隻（約 2900
公克）、薑 20 公克、
乾香菇 12 朵、鮮香菇
5 朵、蒜頭 8 瓣

調味料：

米酒 1 大匙
鹽巴白胡椒少許
香油 1 小匙
水 2500cc

做法：

❶ 首先將雞肉切成小塊狀，再放入滾水中汆燙過水，再洗淨
備用。

❷ 再把薑切片，乾香菇泡水至軟，鮮香菇對切，蒜頭去蒂洗
淨備用。

❸ 湯鍋內加入做法 1 和做法 2 材料，再加入所有調味料一起
加入。

❹ 再上蓋以中小火燉煮約 40 分鐘即可。

🍴 如何煮出自然清甜肉不老的好湯

　　燉湯有用雞腿、排骨、大骨等來煮，汆燙過程非常重要，肉骨都要先洗乾淨，汆燙表面，
肉不可以熟化，再洗一次去除雜質。

＊汆燙雞肉豬肉烹調要訣如下

材料：

帶骨雞肉或豬排骨 300 公克、
薑片 5 片、青蔥 2 根

調味料：

清水 1200cc、米酒 1 大匙

做法：

首先將肉用清水洗滌乾淨，濾乾水分。

❶ 水加入蔥段、薑片及米酒，以大火煮開。

❷ 水煮沸時，加入肉骨（水量務必要蓋過），全程大火
約莫 15 秒，視情況骨頭有變色時即可取出，如果沒
有變色再增加時間，撈起後再用清水洗乾淨，即可另
起一鍋繼續熬湯。

＊將汆燙過的肉骨加入要燉煮的湯料中開始煮，水滾
後要撈除浮沫，同時將火關至中小火，表面有小滾
即可。一般以 5 斤材料約要燉煮 30 分鐘，再關火燜
10 ～ 20 分鐘，這樣一來就會有香濃又好喝的湯品。

古早味冬瓜排骨湯

✖ 大廚美味重點：

先燉排骨再下冬瓜

　　一般的冬瓜較容易煮軟，也甜分很高，所以建議先燉排骨出味後，再下冬瓜同煮，如果要與排骨一起熬煮，要記得湯滾後要轉極小火，這樣湯鮮又可保持冬瓜完整性。在選擇新型小品種冬瓜 —— 芋頭冬瓜肉質較紮實，雖然價位較高，但可與雞腿、排骨一起久燉，口感不會太爛，也不會變形，湯頭會有微微稠狀，還有芋頭香氣呢！

　　古早味的湯頭重點在香菜莖，要切碎才更容易出味，去掉葉子不用是因為若一起加入會變黑，且香菜根的香氣溫和又持久。

材料：

排骨 300 公克　　香菜 3 根
冬瓜一圈
（約 500 公克）
薑 25 公克

調味料：

水 1300cc
鹽巴白胡椒少許
米酒 1 小匙
香油 1 小匙

做法：

❶ 排骨切成適口約 3 公分長度小塊狀，再放入滾水中汆燙約 30 秒，再將肉排取出，以冷水洗淨雜質備用。

❷ 取冬瓜去皮去籽，再切成大塊狀，薑切片，香菜莖切碎備用。

　　TIPS 冬瓜大多切成約 5 公分大塊狀，與排骨一起熬煮，可以讓排骨與冬瓜一起熟成，更美味。

❸ 將做法一排骨與所有調味料一起加入湯鍋中，再加入冬瓜、薑片一起燉煮約 20 分鐘。

❹ 燉煮過程中要將浮沫撈除，最後起鍋前再加入香菜根碎裝飾即可。

🥄 台灣冬瓜知多少？

＊白殼大冬瓜 —— 皮較白肉也白，肉質細膩較適合煮湯、紅燒，口感較軟，很快煮熟。
＊細長大冬瓜 —— 肉很厚，較適合製作冬瓜茶，最重可達 30 公斤以上。
＊芋頭冬瓜 —— 去皮過後肉質可達 3 ～ 4 公分，口感紮實綿密，很耐煮，適合燉湯、滷煮，煮的過程中會有淡雅的芋頭香氣。

雙色蘿蔔排骨酥湯

　　只要煮湯技巧學會，主食材一換湯頭立馬大變身，好
喝燉湯一下子就學會好幾道囉！

材料：	醃料：	調味料：
排骨 300 公克	醬油 1 小匙	鹽巴白胡椒少許
白蘿蔔 500 公克	鹽巴白胡椒少許	水 1600cc
紅蘿蔔 100 公克	米酒 1 小匙	香油 1 小匙
芹菜 2 根	地瓜粉 3 大匙	
薑 20 公克		

做法：

❶ 首先將排骨切成小塊狀，再加入醃料中醃漬約 15 分鐘，再放入燒熱至 180 度的
油鍋中炸成金黃色備用。

　　TIPS 如果不想油炸者，也可單純用汆燙過的排骨直接燉湯。

❶ 白蘿蔔去皮切小塊，紅蘿蔔切滾刀，薑切片，芹菜切小丁備用。

❶ 取湯鍋，再加入炸好排骨、紅白蘿蔔塊、薑片，與所有調味料，以中小火燉煮約
30 分鐘。

❶ 最後蘿蔔軟化，再加入芹菜小丁撒在上面即可。

　　TIPS 紅白蘿蔔都很難煮透，建議先煮 30 分鐘，再關火燜 15 分鐘一定會軟爛。或是紅白蘿蔔先
　　　　 燉煮 20 分鐘，再加入汆燙好的排骨續煮 30 分鐘即可。

🥄 如果用電鍋怎麼煮？

1 首先將排骨放入滾水中汆燙 1 分鐘，取出洗淨表面雜質。
2 取湯鍋，加入汆燙或炸好排骨、紅白蘿蔔塊、薑片與所有調味料，再以倒數時間燉煮約
　 30 分鐘，關掉開關續燜 10 分鐘。
3 最後蘿蔔軟化，再加入芹菜小丁撒在上面即可。

麻油雞湯

✖ 大廚美味重點：
全酒煮最有味道

　　台灣味的麻油雞一定要用台灣的米酒來煮，最香最有味的是不加一滴水，全部用米酒煮，如果怕喝著喝著就醉了，可以大火持續滾煮約 3 分鐘，到酒味沒那麼重時再轉小火續煮，或者將酒精燒完，只是在家裡要將酒精燒完，要切記關掉抽油煙機電源，瓦斯爐也要關閉，以免加酒瞬間會因而著火。

　　不敢喝酒又想進補，酒的比率可改半酒水，就是 1/3 米酒與 2/3 水再煮過只有甜味，也能吃出進補效果。滴酒不沾者，建議麻油爆香後再加入 2 大匙米酒略燒一下，完全不會有酒味。

材料：

		調味料：
雞肉半隻	枸杞 1 小匙	黑麻油 2 大匙
老薑 30 公克	紅棗 5 粒	米酒 750cc
蒜頭 3 粒		鹽少許

做法：

❶ 首先將雞肉切成塊狀，再洗淨，瀝乾水分備用。

　　TIPS 雞酒最好吃的是仿土雞，軟硬適中，又很耐煮。如果是以進補為主，像產婦食用會選擇閹雞，較耐煮且土雞肉質較為 Q 有香氣。

❷ 老薑切薄片，蒜頭去皮對切，枸杞與紅棗泡軟備用。

❸ 取炒鍋先加入 2 大匙麻油，再以中小火慢慢將薑片爆乾。

　　TIPS 薑切片切很薄再以小火爆香，約需要 3 分鐘才會讓薑焦化捲邊。例如爆到邊邊有點捲，但因麻油不耐高溫，在家裡的薑要爆到焦焦捲曲不容易，又怕有苦味，教大家可用另一鍋沙拉油炸薑片，炸上色後再料理。

❹ 接者加入雞肉、蒜頭一起炒至上色後，再加入米酒與鹽巴，再上蓋以中小火煮約 15 分鐘。

　　TIPS 有人吃麻油雞會怕薑的氣味，加入幾粒蒜頭平和薑的嗆辣，還可增加整體的香氣與口感。

❺ 最後再加入紅棗與枸杞，再以中小火續煮約 5 分鐘即可。

🍴 台灣薑知多少？

台灣較常見的薑有很多種：老薑、嫩薑、薑黃、南薑，用途多且不同，但所有薑都可抗消炎、去水腫，無需去皮，只要使用菜瓜布刷洗乾淨即可。薑帶土沒有關係，只要放在廚房陰涼處即可，若腐爛千萬不可使用，以免影響健康。

老薑：較適合燉湯，進補用居多。　　　　嫩薑：較適合炒，醃肉、沾醬。
南薑：較適合煮飯，南洋料理居多。　　　薑黃：較適合炒飯菜，咖哩料理居多。

魷魚螺肉蒜

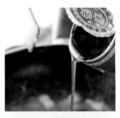

✖ 大廚美味重點：
螺肉最後加讓肉質不縮

魷魚螺肉蒜屬於一道道地酒家菜，最需要注意的地方有三：1 是螺肉罐頭有很多選擇，建議買日本品牌，大粒裝最有口感，且要起鍋前不久再加入，以免螺肉因久煮而萎縮口感變硬，不好咬；2 罐頭湯是先加一半，先試味道後再決定調味，以免太甜；3 蒜苗要最後加，再續煮 1～2 分鐘最適合。

材料：

梅花肉 350 公克	芹菜 3 根
乾香菇 8 朵	乾魷魚 1 片
螺肉罐頭（大粒）	蒜頭 8 瓣
1 罐	
蒜苗 2 枝	

調味料：

鹽巴白胡椒少許
水 1300cc
米酒 1 大匙
砂糖 1 大匙
醬油 1 大匙

做法：

❶ 首先將梅花肉切成小條狀，再放入滾水中汆燙，過水備用。

   TIPS 梅花肉油質均勻，沒有過多油脂疑慮，也能依個人喜好選擇雞腿、五花肉。

❷ 乾香菇以冷水泡軟後切厚片，乾魷魚剪小段後，以冷水泡 1 小時，蒜頭洗淨備用。

❸ 蒜苗洗淨再切成小片狀，芹菜切成碎狀備用。

❹ 湯鍋中加入做法 1.2 與所有調味料，螺肉罐頭連湯汁一起加入，再上蓋以中小火煮約 20 分鐘。

   TIPS 這裡香菇爆香直接入鍋，是因湯品如果先爆香再煮讓湯汁太過油膩。

❺ 最後再加入切好的蒜苗，芹菜與螺肉一起續煮約 10 分鐘即可。

魷魚螺肉蒜是早期在艋舺、延平北路、北投等地有名的酒家菜，算閩菜系列。據說當時如果將客人服侍好，小費就會給得很多，所以每個師傅務必將客人服侍面面俱到，口袋都有許多私房酒家料理，但唯獨魷魚螺肉蒜這道湯品最受人歡迎，因為甜甜又有咬勁的魷魚更有飽足感。當然也是一邊喝烈酒，一邊搭配熱湯品最為完美，當然酒家菜延續下來就變成一種飲食文化傳承。

芥菜雞湯

• 如果不是芥菜季節，相同做法將食材改用菜心或高麗菜也滋味也不錯。

✖ 大廚美味重點：
芥菜汆燙最後加顏色最漂亮

很多人覺得芥菜（又稱刈菜）有一種苦味，這時可將芥菜莖先汆燙，滾水中要加入鹽巴 1 小匙、沙拉油 1 小匙，等待水滾沸再放入約汆燙 2 分鐘，再撈起泡冷水顏色才漂亮，這樣還能縮短熟成時間，所以芥菜雞湯的芥菜是在起鍋前幾分鐘時才加入同煮，稍煮出味就完成，翠綠不變黃整鍋賣相好。

如果芥菜要拿來炒，覺得還有苦味要怎麼去掉？再炒的過程中可加入少許砂糖，或汆燙時間拉長 3 分鐘就會比較甜美。

材料：

雞肉半隻
薑 20 公克
鮮香菇 3 朵
芥菜 1 棵

調味料：

米酒 1 小匙
香油少許
鹽巴白胡椒少許
水 1300cc

做法：

❶ 首先將雞肉切成小塊狀，再放入滾水中汆燙過水，再取出洗淨備用。

❷ 芥菜切成小塊狀，放入滾水中汆燙，再過冰水冰鎮備用。

　　TIPS 綠色蔬菜汆燙有 1 分鐘以上就開始會軟化，離開熱水就會變色，所以撈起後再冰鎮能讓顏色變得更翠綠，再煮較不影響口感與顏色。

❸ 薑切片，香菇刻花備用。

❹ 取湯鍋加入雞肉、香菇、薑片與所有調味料，一起加入後再上蓋以中小火煮約 20 分鐘。

❺ 最後再加入汆燙好的芥菜心，持續燴煮約 3 分鐘至出味即可。

苦瓜排骨湯

• 如果能吃苦，選擇小苦瓜不去籽，退火功能最佳。

✖ 大廚美味重點：
苦瓜湯不苦的技巧

　　苦瓜養分非常高，有著自然的甘苦味，會苦的主因是中間的瓜囊與籽，一定要仔細的用湯匙刮除，再過滾水汆燙約 2 分鐘，如果要吃涼拌的要再冰鎮苦味就會減少許多，這樣就會去除大部分的苦澀味。另外還有加上小魚乾的鮮甜調味，會讓湯頭喝下的尾韻有微甘又香的感覺。也有些古早味還會加醃鳳梨調味，湯頭更加鮮。

材料：

苦瓜 1 條　　　　薑 20 公克
排骨 400 公克　　芹菜 2 根
小魚乾 15 公克
紅蘿蔔 50 公克

調味料：

鹽巴白胡椒少許
水 1600cc
米酒 1 小匙
香油 1 小匙

做法：

❶ 首先將排骨切成小塊狀，再放入滾水中汆燙過水，備用。

❷ 將苦瓜對切，去除中間的囊與籽，再切成小條狀，再放入滾水中略煮約 2 分鐘，再取出洗淨備用。

❸ 取一湯鍋，再加入處理好的排骨，苦瓜與所有調味料一起加入，再上蓋以中小火燉煮約 20 分鐘。

❹ 最後起鍋前再切芹菜珠即可。

TIPS 最後要加芹菜珠，整鍋湯才能提鮮。

白玉苦瓜（外表白色長條狀）：最適合煮湯、清炒、涼拌，如：醬燒涼拌苦瓜、苦瓜炒小魚乾、苦瓜盅、苦瓜封、油燜苦瓜等。
翡翠苦瓜（深綠色長條狀）：最適合涼拌、清炒、燉湯。能吃苦者建議洗淨後不去除籽，整顆下去燉排骨湯最佳，只要記得加入幾片薑片中和寒意即可，可再加入肉羹、丸子等增加油質及鮮甜就不會苦了。
青肉苦瓜（淡綠色青苦瓜長條狀）：最適合燒肉、涼拌。
山苦瓜（外表深綠色圓胖小）：最適合煮湯、藥用。

Part 6

飯後來碗甜點真滿足

台味甜品的二三事

Q&A 1 甜品加冰糖好還是二砂糖好呢？

要看甜品的口味來選擇，如果像綠豆類的甜湯就以二砂糖煮出來較甜，若是清淡型的銀耳蓮子湯就以冰糖較佳，不只味道清爽也能讓湯清徹透明，還有煮烏梅湯最好是使用冰糖，因為從冷水慢慢煮開，冰糖能慢慢散發甜味更能增加香氣，如果使用二砂糖較容易溶化，但是喝起來只有甜味沒有香氣。

Q&A 2 甜品的糖可以一開始就加入嗎？

建議所有的甜湯都是在最後起鍋前再調味，尤其是豆類的甜品，千萬不可一開始就加糖，因為糖會保護食材的外殼，如果一開始就加糖一起煮會造成煮不熟的狀況產生，後面沒得救唷！

Q&A 3 煮涼茶飲料是冷水入還是水滾再入鍋？

無論煮青草茶、烏梅湯或仙草茶等，如果想喝濃郁喝重口味，可以冷水時就將材料加入，滾開後再以小火續煮 15 分鐘，味道會非常濃郁，建議放涼後再入冰箱冷藏飲用，如果在夏天急著喝的人想加入冰塊，濃郁版的就很適用，也能用蜂蜜取代糖，飲品風味會非常清爽。

Taiwan Kitchen

酒釀湯圓

✕ 大廚美味重點：
酒釀、湯圓分開煮湯汁不會濁

因為湯圓要煮熟過程至少需要 4 分鐘，同時也會讓湯圓外層的糯米粉脱落在湯鍋中，如果用一鍋到底的方式煮酒釀湯圓，容易讓湯頭白白的，相當混濁，也容易導致煮好的湯圓破皮。所以不要嫌麻煩，分二鍋煮好再結合是最好吃的方式。

材料：

原味大湯圓 4 粒
紫米大湯圓 4 粒
甜酒釀 2 大匙
雞蛋一粒

調味料：

白砂糖 2 大匙

做法：

❶ 首先煮一鍋水，水滾後再將大湯圓放入煮約 3 分鐘，至浮起來熟化，備用。

❷ 將雞蛋敲入碗中，再攪拌均勻。

❸ 另起一鍋清水，加入砂糖煮開，再加入雞蛋煮成蛋花，備用。

❹ 取一個湯碗，先加入酒釀，再加入煮好湯圓，再加入蛋花湯淋入即可。

TIPS 建議採用常溫蛋，或是取出在室溫中放 15 分鐘回溫較佳。

TIPS 因為酒釀再搭上雞蛋，會更爽口，也能夠襯托出酒釀香氣，吃起來會更滑口。

🥄 酒釀去那裡買？怎麼挑最好？

現在酒釀種類品項非常多，有紫米、紅米、白米等，甜酒釀在一般超市均可購得，要挑米粒飽實、不糊化、粒粒分明的較好，如果怕酒味，盡可能買不要放太久的酒釀，因為發酵越久，酒氣與酒香會越重。
甜酒釀為發酵產品沒用完，盡可能放於冷度較低的冷藏處。酒釀也有紫米酒釀，也是不錯選擇。

芋頭西米露

• 芋頭澱粉質的濃稠效果，也可以應用在咖哩和西式濃湯上，利用馬鈴薯自身的澱粉質就能愈煮愈濃稠唷。

大廚美味重點：
利用芋頭澱粉最天然

　不用太白粉勾芡，利用芋頭自身的澱粉質無論打成泥狀或壓成泥狀，都有仿勾芡的效果，且整個西米露芋香味超級濃郁，好吃到不行。想讓芋頭西米露賣相更好，可再加入少許蒸熟的地瓜丁，顏色會更好看。

材料：

西谷米 100 公克
芋頭 1 顆約 500 公克
枸杞 1 大匙

調味料：

砂糖 150 公克
水 1500cc
椰漿一瓶

做法：

❶ 首先將芋頭去皮，再切成小塊狀，再放入鍋中加入 1500cc 冷水，以中火煮約 15 分鐘。

　TIPS 削皮時記得帶手套，以免過敏造成手癢。

❷ 將煮軟的芋頭放入果汁機裡面，再打成泥狀。將枸杞泡水至軟，備用。

❸ 將西谷米、芋泥放入作法 1 的鍋中，以中小火煮約 10 分鐘，煮至西谷米白色點點變最小即可。

　TIPS 視情況在鍋中加一點冷水調整水量。

❹ 煮軟過後再加入椰漿、砂糖再續煮約 3 分鐘（煮開即可），最後再加入枸杞裝飾即可。

　TIPS 不愛枸杞味的朋友可以省略不放。

烏梅湯

✖ 大廚美味重點：

湯汁滾開就熄火

烏梅湯可不是只要烏梅加水就好，一定要搭配得宜，還有冷水時放入食材，水一滾立刻關火，以免烏梅的焦香氣味太過濃重，整體味道才不會太嗆，最後可以點一點桂花，更香。此配方材料於中藥店可以購得。

材料：

烏梅 60 公克
仙楂 13 公克
陳皮 10 公克
甘草 3 克

調味料：

二砂糖 220 公克
水 1800cc

做法：

❶ 首先將所有材料洗滌過一次，再濾乾水分備用。

❷ 取一個乾淨無油湯鍋，再加入洗淨的所有材料，再以大火煮開，再轉小火煮一下，就即可關火。

　　TIPS 如果今天要喝重口味的烏梅湯，可以冷水時加入材，滾開後再以小火續煮 15 分鐘，味道會非常濃郁，也會較酸。

❸ 再加入二砂糖攪拌均勻，調整至所需要的酸甜度，再將所有的材料過濾，只剩湯汁裝入耐熱壺即可。冰涼飲用風味更佳。

烤芋頭起司球

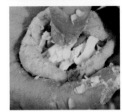

✖ 大廚美味重點：
芋泥加奶油香氣提升

　　為什麼要加奶油在芋泥餡裡呢？因為奶油與芋頭就是特別速配，搭在一起莫名的香又滑口，如果想要口感更軟Q，可以再加入鮮奶油或牛奶一起攪拌均勻，會讓烤芋頭變得更香。

材料：

芋頭 1 顆
（約 450 公克）
起司絲 150 公克
雞蛋 1 粒

調味料：

砂糖 2 大匙
奶油 30 公克
太白粉 30 公克

做法：

❶ 首先將芋頭去皮，再將芋頭切成小塊狀，再放入電鍋中，電鍋蒸 30 分鐘至軟，備用。

　　TIPS 芋頭依季節品質不同，在蒸的過程中一定要蒸軟，也要乘熱製作才不會結顆粒。

❶ 將蒸好的芋頭放入鋼盆中，再加入砂糖、奶油、雞蛋一起攪拌均勻，拌至完全無顆粒狀。

❶ 再將芋泥先壓扁，中間再加入起司絲後，揉成圓球狀，外表再裹上太白粉。

❶ 將做法 3 放入已預熱的 200 度烤箱中，烤約 20 分鐘至上色即可。

　　TIPS 過程中可以取出翻面讓顏色烤均勻即可。

如果喜歡傳統作法，可以將芋泥球放入 180 度油鍋中炸上色，再稍稍烤一下至熟，會更有油香氣。

蜜芋頭

- 相同作法可將芋頭換成地瓜,就變蜜地瓜。只是要記得糖一定是最後再加入,不然食材無法軟化會煮不透。

✕ 大廚美味重點：
添加「米酒」讓芋香完全釋放

多數人都不知甜湯可以加酒？邱主廚多年來的深入研究，發現米酒是純米製作，經加熱後會轉換成甜味，而芋頭甜湯加入少許的米酒，真的最能提出芋頭香，這也是其他酒類沒辦法達到的境界，純加糖調味也無法有這麼豐富的口感層次。

材料：

大甲芋頭 2 顆（約 1000 公克）
水 1400cc
米酒 1 小匙

調味料：

二砂糖 180 公克

做法：

❶ 將大甲芋頭去皮，再洗淨，將芋頭切成大滾刀塊，再洗淨濾水備用。

❷ 將切好的芋頭放入鍋，再加入水，米酒一起加入（水蓋過煮食材為主），再上蓋，瓦斯以最小火煮約 25 ～ 35 分鐘。

　　TIPS 冬天的芋頭較好煮，容易軟爛，時間落在 20 ～ 25 分鐘，夏天的芋頭較硬時間落在 30 分鐘，再續燜 10 分鐘。

❸ 將芋頭煮軟後，再將剩餘水留 1/5，再加入二砂糖續煮至軟即可。

拔絲地瓜

✖ 大廚美味重點：
沾滿稠狀糖漿，立刻泡冰水

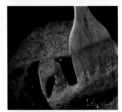

建議選擇黃地瓜，因為水分少最好拔絲，再來的關鍵就是要耐心的將糖漿煮至收湯汁，變成稠狀才可以均勻沾裹地瓜，作起來拔絲才不會脫糖，還有一定不可以心急，整鍋一次倒下去，會全部黏在一起，無法一塊一塊漂亮好吃的上桌，這裡一定要記得有些美味需要時間醞釀，倉卒換不來美味唷。

材料：

黃色地瓜台農 57 號
（約 350 公克）
中筋麵粉 3 大匙

調味料：

砂糖 200 公克
水 100cc

做法：

❶ 將地瓜洗淨去皮後，切成滾刀塊，再洗淨去除點粉質，再完全濾乾水分。

❷ 濾乾後的地瓜條外表要均勻的裹上麵粉，再放入約 175 度油鍋中炸成金黃色，再濾油備用。

❸ 取平底鍋加入所有調味料以中小火炒上色，要炒至顏色，稠度都出來。

❹ 將炸好的地瓜，配合炒好的焦糖一起快速的裹入，再取出放入食用冰水裡面，快速降溫即可。

綠豆薏仁湯

• 綠豆與薏仁都有去濕消水腫的效果，薏仁還能美白，在炎炎夏日最適合消暑解渴，吃不完也可以放冷凍製作成冰棒。

✗ 大廚美味重點：
綠豆薏仁 5：3 最剛好

　　因為綠豆較小粒，最理想的比率就是綠豆 5，薏仁 3，二者一起煮綠豆會較鬆軟，和薏仁的軟 Q 口感才會一致，才能襯托出主體口感。

　　如果使用電鍋煮綠豆薏仁湯，薏仁先加入計時 20 分鐘後，再加入綠豆再煮 25 分鐘，將開關跳起，悶 10 分鐘，最後加入二砂糖調味即可，二砂糖有著淡雅甘蔗味，久煮還會有種焦糖香氣喔。

材料：

綠豆 300 公克
薏仁 120 公克
桂圓 1 大匙

調味料：

水 1800cc
二砂糖 150 公克

做法：

❶ 首先將綠豆、薏仁洗淨，分別再泡冷水約 3 小時，備用。

　　TIPS 如果喜歡滑的口感，可以將薏仁換成大麥仁時間會更快更濃稠。

❶ 取一個湯鍋，先加入薏仁，1800cc 水，以中火先煮約 30 分鐘，再加入綠豆一起加入續煮約 30 分鐘，再關火燜煮約 15 分鐘。

❶ 等待薏仁與綠豆完全軟爛後，最後再加入桂圓肉，二砂糖一起煮開調味即可。

　　TIPS 所有的豆類都要在煮好起鍋前才能加糖調味，因為糖有保護豆子外殼的作用，如果還未熟透就加入糖，那麼無論綠豆、紅豆、黑豆都不會容易熟爛唷。

> 綠豆薏仁湯再加入桂圓肉更能帶出綠豆的香氣，薏仁的顏色會較深也較好吃口感，更能平衡湯的溫補功效。

紅豆蓮子湯

✖ 大廚美味重點：
蓮子蒸好再加入一起煮最完整

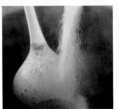

　　很多人都覺得全部放一起煮就好，最簡單了，在這裡邱主廚要給大家一個新概念，紅豆、蓮子就是分開煮。為什麼不要一起煮呢？因為紅豆較為耐煮，新鮮蓮子如果和紅豆一起煮有可能會破皮，糊化不完整。

　　所以紅豆先煮至軟，在煮的過程再加入另外蒸新鮮蓮子熟，稍微煮一下調味，這樣味道和賣相最好。

材料：

紅豆 200 公克
新鮮蓮子 150 公克
枸杞 1 大匙

調味料：

黑糖 70 公克
水 1800cc
細冰糖 180 公克

做法：

❶ 紅豆洗淨泡冷水 3 小時，再放入湯鍋中加入 1800cc 水煮 30 分鐘，
　 再關火燜煮約 15 分鐘。

❷ 蓮子洗淨，再放入水盤中，放入電鍋蒸約 15 分鐘至軟。

❸ 紅豆煮軟後，再加入蒸好的蓮子連同湯汁一起加入，再加入細冰
　 糖一起煮開。

❹ 最後視甜度，再加入適量枸杞裝飾即可。

🔍 紅豆和赤小豆長得好像

紅豆與赤小豆二種品種不同，效果也有一點不同？紅豆外形較小且圓，有豐富膳食纖維，
可降血壓、解酒、解毒及消水腫的功效；赤小豆外形較紅豆長，以利尿消水腫較有功效。
赤小豆較硬，煮時間會比紅豆時間久，可以多煮約 10 ～ 20 分鐘，二者的紅豆都要以小火
煮，再關火燜的方式最能保持完整又鬆軟。

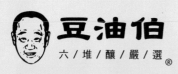

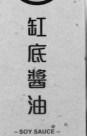